生态文明建设理论与实践研究

（2023年）

生态环境部环境与经济政策研究中心　著

人民日报出版社
北　京

图书在版编目（CIP）数据

生态文明建设理论与实践研究．2023年 / 生态环境部环境与经济政策研究中心著．-- 北京 : 人民日报出版社，2024．7．-- ISBN 978-7-5115-8350-5

Ⅰ．X321.2

中国国家版本馆CIP数据核字第2024GM9901号

书　　名：生态文明建设理论与实践研究. 2023年

SHENGTAI WENMING JIANSHE LILUN YU SHIJIAN YANJIU. 2023NIAN

作　　者：生态环境部环境与经济政策研究中心

出 版 人：刘华新

责任编辑：寇　诏

封面设计：人文在线

出版发行：人民日报出版社

社　　址：北京金台西路2号

邮政编码：100733

发行热线：（010）65369527　65369512　65369509　65369510

邮购热线：（010）65369530

编辑热线：（010）65363105

网　　址：www.peopledailypress.com

经　　销：新华书店

印　　刷：北京市海天舜日印刷有限公司

开　　本：710mm × 1000mm　1/16

字　　数：217千字

印　　张：19.5

印　　次：2024年7月第1版　2024年7月第1次印刷

书　　号：ISBN 978-7-5115-8350-5

定　　价：98.00元

《生态文明建设理论与实践研究（2023年）》

编委会

目　录

Contents

理论篇

建设人与自然和谐共生现代化的行动指南 / 3

习近平生态文明思想：共建清洁美丽世界的科学指引 / 9

树牢绿水青山就是金山银山理念 / 26

站在人与自然和谐共生的高度谋划发展 / 31

深入学习贯彻党的二十大精神　建设人与自然和谐共生的美丽中国 / 37

以习近平生态文明思想为指引　努力建设人与自然和谐共生的现代化 / 50

人与自然和谐共生的中国式现代化：历史逻辑、内在特征与战略部署 / 59

坚持以习近平生态文明思想为指导　全面推进美丽中国建设 / 73

奋力谱写新时代生态文明建设新篇章 / 78

深刻认识新时代生态文明建设的“四个重大转变” / 84

深刻理解和把握“五个重大关系” / 91

深刻理解和把握全面推进美丽中国建设的三个重大问题 / 98

以“六个必须坚持”全面推进美丽中国建设 / 105

实践篇

深入推进环境污染防治 / 115
加快促进经济社会发展全面绿色转型 / 122
加快提升城市生态环境治理水平 / 134
持续巩固“四个重大转变”　开创美丽中国建设新局面 / 142
如何理解“生态环境保护结构性、根源性、趋势性压力尚未根本缓解”/ 150
全面理解我国生态文明建设仍处于压力叠加、负重前行的关键期 / 155
如何以高品质生态环境支撑高质量发展 / 161
如何理解把绿色低碳发展作为解决生态环境问题的治本之策 / 167
如何通过高水平保护塑造发展新动能新优势 / 173
以更高站位、更宽视野、更大力度谋划和推进新征程生态环境保护工作 / 178
以更高标准打几个漂亮的标志性战役 / 185
以发展方式绿色转型为引擎着力推动高质量发展 / 192
向“绿”而行，我们做得怎么样 / 196
努力绘就美丽中国建设的省域精彩篇章
——关于浙江生态省建设的调研报告 / 202

传播篇

决胜治污攻坚不负人民期待 / 221

美丽中国建设迈上新征程 / 228
系统治理　生态更美 / 233
主动作为　万里河山多姿多彩 / 238
全球环境治理　中国贡献力量 / 243
美丽中国建设的科学指南 / 248
在发展中保护　在保护中发展 / 253
重点攻坚　协同治理 / 258
自然恢复与人工修复相辅相成 / 263
内外并举　守护绿水青山 / 268
稳中求进　奔向“双碳”目标 / 273
共建清洁美丽世界 / 278
进一步深化习近平生态文明思想的大众化传播 / 287
深刻领悟习近平生态文明思想　以高质量报道推动美丽中国建设 / 296

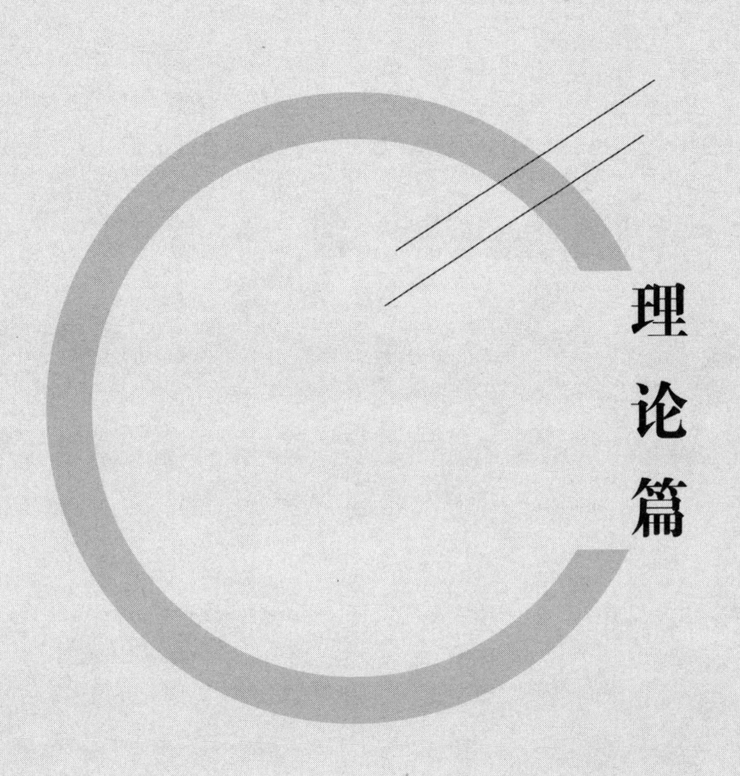

理论篇

建设人与自然和谐共生现代化的行动指南*

2018年5月18日至19日，党中央召开全国生态环境保护大会，正式提出习近平生态文明思想。习近平生态文明思想是习近平新时代中国特色社会主义思想的重要组成部分，是马克思主义基本原理同中国生态文明建设实践相结合、同中华优秀传统生态文化相结合的重大成果，为建设人与自然和谐共生的现代化提供了根本遵循和行动指南。

科学回答新时代生态文明建设重大理论和实践问题

习近平总书记指出："生态文明建设是关系中华民族永续发展的根本大计。"党的十八大以来，以习近平同志为核心的党中央站在人与自然和谐共生的高度谋划发展，以新的视野、新的认识、新的理念，深刻系统回答了为什么建设生态文明、建设什么样的生态文明、

---

* 原文刊登于《人民日报》2023年6月5日第9版，作者：习近平生态文明思想研究中心。

怎样建设生态文明等重大理论和实践问题，形成了习近平生态文明思想，赋予生态文明建设理论新的时代内涵，开创了生态文明建设新境界。

科学回答如何不断满足人民日益增长的优美生态环境需要。良好生态环境是最公平的公共产品，是最普惠的民生福祉。中国特色社会主义进入新时代，人民群众对优美生态环境有了更高的期盼和要求。如何提供更多优质生态产品，更好满足人民日益增长的优美生态环境需要，是新时代生态文明建设必须科学回答的重大课题。在习近平生态文明思想科学指引下，以习近平同志为核心的党中央坚持生态惠民、生态利民、生态为民，重点解决损害群众健康的突出环境问题，加快改善生态环境质量，让老百姓呼吸上新鲜的空气、喝上干净的水、吃上放心的食物、生活在宜居的环境中，切实感受到经济发展带来的实实在在的环境效益，推动人民群众生态环境获得感、幸福感、安全感不断提升。

科学回答建设美丽中国的一系列重大问题。生态兴则文明兴，生态衰则文明衰。如何从古今中外生态环境发展变迁的经验教训中汲取智慧，夯实中华民族永续发展的生态根基，是美丽中国建设面临的重大课题。进入新时代，在习近平生态文明思想科学指引下，以习近平同志为核心的党中央以前所未有的力度抓生态文明建设，谋划开展了一系列根本性、开创性、长远性工作，推动美丽中国建设迈出重大步伐，我国生态文明建设发生历史性、转折性、全局性变化，创造了举世瞩目的生态奇迹和绿色发展奇迹。

科学回答建设美丽世界的一系列重大问题。建设美丽世界，是攸关人类永续发展的全球性课题。习近平生态文明思想坚持共谋全球生态文明建设之路，提出生态文明建设的全球倡议，强调面对生态环境挑战，人类是一荣俱荣、一损俱损的命运共同体，没有哪个国家能独善其身。在习近平生态文明思想科学指引下，我国积极推动构建公平合理、合作共赢的全球环境治理体系，以中国之路、中国之治、中国之理为全球可持续发展贡献了中国智慧、中国方案、中国力量。

丰富和发展马克思主义关于人与自然关系的思想

理论在一个国家实现的程度，总是决定于理论满足这个国家的需要的程度。习近平生态文明思想坚持从新时代生态文明建设的客观实际和丰富实践出发，继承和创新马克思主义自然观、生态观，传承和发展中华优秀传统生态文化，丰富和发展了马克思主义关于人与自然关系的思想。

马克思主义基本原理同中国生态文明建设实践相结合的重大成果。习近平总书记立足新时代生态文明建设实际，创造性提出“站在人与自然和谐共生的高度谋划发展”“绿水青山就是金山银山”“坚持绿色发展是发展观的一场深刻革命”等一系列新理念新思想新战略，指引和推动生态文明理论创新、实践创新、制度创新。习近平生态文明思想将马克思主义关于人与自然、生产与生态的辩证统一关系原理同中国生态文明建设实践紧密结合，实现了马克思主义关于人与自然关系思想的与时俱进。

马克思主义基本原理同中华优秀传统生态文化相结合的重大成果。习近平总书记指出：“中华民族向来尊重自然、热爱自然，绵延

5000 多年的中华文明孕育着丰富的生态文化。”习近平生态文明思想继承和创新马克思主义自然观、生态观，创造性转化、创新性发展中华优秀传统生态文化，将“人是自然界的一部分”“人类善待自然，自然也会馈赠人类”等理念同“天人合一”“道法自然”等思想相结合，创新发展了中国式现代化的独特生态观，推动中华优秀传统生态文化焕发新的生机活力。

形成系统完整、逻辑严密、内涵丰富、博大精深的科学体系。习近平生态文明思想基于历史、立足当下、面向全球、着眼未来，系统阐释生态文明建设中人与自然、保护与发展、环境与民生、国内与国际等的关系，深刻回答新时代生态文明建设的根本保证、历史依据、基本原则、核心理念、宗旨要求、战略路径、系统观念、制度保障、社会力量、全球倡议等一系列重大理论与实践问题，对新形势下生态文明建设的战略定位、目标任务、总体思路、重大原则作出系统阐释和科学谋划，深刻阐明了关于生态文明建设的认识论、价值论和方法论，形成系统完整、逻辑严密、内涵丰富、博大精深的科学体系，为建设人与自然和谐共生的现代化提供了科学的世界观和方法论。

坚持以科学的世界观和方法论指导生态文明建设

习近平总书记指出：“生态环境是关系党的使命宗旨的重大政治问题，也是关系民生的重大社会问题。”建设人与自然和谐共生的现代化，必须深刻把握习近平新时代中国特色社会主义思想的世界观和方法论，坚持好、运用好贯穿其中的立场观点方法，把习近平生态文明思想贯彻落实到生态文明建设各方面全过程。

必须坚持人民至上。习近平总书记强调："生态文明建设最能给老百姓带来获得感，环境改善了，老百姓体会也最深。"建设人与自然和谐共生的现代化，为人民群众提供更多优质生态产品，深刻体现习近平总书记的人民情怀，是对新时代生态文明建设为了谁、依靠谁、成果由谁共享这一根本问题的科学回答。必须坚持人民至上，坚持生态惠民、生态利民、生态为民，让人民群众在绿水青山中共享自然之美、生命之美、生活之美。

必须坚持自信自立。习近平总书记指出，"我们建设现代化国家，走美欧老路是走不通的""走老路，去消耗资源，去污染环境，难以为继"。推进中国式现代化，实现人与自然和谐共生，必须坚持自信自立，把生态文明建设放在突出位置，努力探索以生态优先、绿色发展为导向的高质量发展新路子，坚定不移走生产发展、生活富裕、生态良好的文明发展道路，不断谱写生态文明建设新篇章。

必须坚持守正创新。生态文明建设是"国之大者"，是利国利民、利子孙后代的重要工作。建设人与自然和谐共生的现代化，必须坚持守正创新，始终坚持以习近平生态文明思想为指导，保持加强生态文明建设的战略定力，着力推动经济社会全面绿色转型。同时，不断拓展认识的广度和深度，持续加大技术、政策、管理创新力度，不断提升精准、科学、依法治污水平和环境治理能力，不断开创生态文明建设新局面。

必须坚持问题导向。我们党坚持把解决生态环境领域突出问题作为生态文明建设的出发点和落脚点，把化解矛盾、破解难题作为打开生态环境保护工作局面的突破口。当前，我国生态文明建设仍然面临诸多矛盾和挑战，生态环境保护任务依然艰巨。建设人与自然和谐共生的现代化，必须坚持问题导向，不断增强问题意识，聚焦生态文明建设面临的新形势新任务新要求，不断提高认识问题、分析问题、解决问题的政治能力、战略眼光和专业水平。

必须坚持系统观念。生态文明建设是一项长期的战略任务，也是一个复杂的系统工程。建设人与自然和谐共生的现代化，必须坚持系统观念，不断提高战略思维、历史思维、辩证思维、系统思维、创新思维、法治思维、底线思维能力，加强前瞻性思考、全局性谋划、整体性推进，坚持山水林田湖草沙一体化保护和系统治理，统筹产业结构调整、污染治理、生态保护、应对气候变化，协同推进降碳、减污、扩绿、增长，切实把系统观念贯穿到生态保护和高质量发展全过程。

必须坚持胸怀天下。习近平总书记指出："人类只有一个地球，保护生态环境、推动可持续发展是各国的共同责任。"地球是全人类赖以生存的唯一家园，保护自然就是保护人类，建设生态文明就是造福人类。建设人与自然和谐共生的现代化，必须坚持胸怀天下，站在对人类文明负责、为子孙后代负责的高度，携手世界各国共筑生态文明之基，共走绿色发展之路，共建地球生命共同体，积极构建人与自然和谐共生、经济与环境协同共进、世界各国共同发展的地球家园。

习近平生态文明思想是新时代生态文明建设的根本遵循和行动指南，在科学指导新时代生态文明建设的实践中，其科学性和真理性得到了充分检验、人民性和实践性得到了充分贯彻、开放性和时代性得到了充分彰显。

习近平生态文明思想：共建清洁美丽世界的科学指引*

生态文明建设不仅是国内绿色低碳发展的需要，也是中国积极提供全球公共产品、大力推进全球生态文明建设的重要体现。党的十八大以来，以习近平同志为核心的党中央大力推动生态文明理论创新、实践创新、制度创新，创造性提出一系列富有中国特色、体现时代精神、引领人类文明发展进步的新理念新思想新战略，形成了习近平生态文明思想。这一思想的创立，高高举起了新时代中国生态文明建设的思想旗帜，并在实践中不断彰显其鲜明的世界价值。在全球生态环境问题挑战日益凸显、治理进程备受困扰的当下，习近平生态文明思想以其博大的天下情怀、宏阔的世界眼光、创新的思想洞见、鲜明的中国特征，引领中国在参与全球生态环境治理、共谋全球生态文明建设的道路上行稳致远，为世界各国可持续发展提供重要理论借鉴和实践参考。习近平生态文明思想既是中国的也是世界的。在新时代新征程上，这一思想将不断展现其强大的真理力量和实践伟力，为推动建设一个清洁美丽的世界提供坚实的科学指引。

---

* 原文刊登于《当代中国与世界》2023年第1期，作者：钱勇。

一、全球生态文明建设的困境与挑战

地球是人类赖以生存的唯一家园，珍爱和呵护地球是人类的唯一选择。工业革命以来，人类对自然资源加速攫取，打破了地球生态系统平衡，人与自然深层次矛盾日益显现。正确处理好人与自然的关系、经济社会发展与生态环境保护的关系，解决全球环境治理转型，已成为摆在全人类面前的共同课题。面对持续恶化的全球生态环境状况和不断加剧的全球环境治理赤字，深入推进全球生态文明建设、共建清洁美丽世界变得更加紧迫。

（一）生态文明建设的世界之问

人与自然的关系是人类社会最基本的关系，正确处理人与自然的关系关乎人类文明的前途和命运，也是生态文明建设要回答的根本问题。马克思主义认为，人靠自然界生活，人类在同自然的互动中生产、生活、发展。一部人类文明发展史，也是一部人与自然的关系史。从原始文明到农业文明，再到工业文明，人与自然的关系经历了臣服于自然、依赖自然、改造自然、利用自然、征服自然等阶段，人类对自然的无度索取与掠夺不断增强，导致生态系统平衡被打破，人与自然的关系也逐渐失衡，走向紧张与对抗。总结人类文明发展史可以看出，人类对大自然的伤害最终会伤及人类自身，这是无法抗拒的规律。另外，生态环境危机的全球扩展性、全球关联性、全球影响性，以及对人类文明发展影响的基础性、长期性，使这一问题具有鲜明的世界性。

环境问题本质上是发展问题。实践层面上，人与自然关系表现为发展与保护关系。正确处理人与自然关系，从根本上解决生态环境问题、实现人类永续发展，必须对发展与保护的关系问题进行科学回答。西方发达国家在现代化进程中普遍走了一条“先污染、后治理”的老路，曾一度陷入越发展，环境危机越严重的困境。20世纪八九十年代，国际社会逐渐认识到妥善处理好经济发展与环境保护矛盾的必要性，并以可持续发展理念为指导，努力将社会发展与环境保护协调起来。但从实践来看，如何真正走出一条人与自然和谐共生、发展与保护协调推进的道路仍然面临挑战。生态环境是人类生存之本、发展之基。2022年，联合国开发计划署（UNDP）发布的《人类发展报告》指出，人类在21世纪面临的最前沿课题就是“与自然共生”。面对日益严重的全球生态环境危机，人类文明的可持续发展面临重大抉择，必须重新审视人与自然关系，寻求人与自然和谐共生的永续之道。

（二）全球生态环境危机不断加剧

过去半个多世纪，国际社会不断探索解决工业文明带来的诸多环境问题，在政策和实践方面积极行动并取得一定进展。但由于不可持续的消费和生产模式，地球正面临着气候变化、生物多样性丧失、环境污染这三重危机，给人类生存和发展带来严峻挑战。

气候变化已从未来挑战变成严峻、紧迫的现实危机。气候变化是全球面临的最大风险之一，也是当前人类面临的最大生态危机。2021年，联合国政府间气候变化专门委员会（IPCC）第六次评估报告

（AR6）第一工作组报告《气候变化 2021：自然科学基础》指出，较工业化前（1850—1900 年），全球地表平均温度已上升约 1℃，从未来 20 年的平均温度变化来看，全球温升预计将达到或超过 1.5℃。究其原因，人类活动是全球温升的主要影响因素。2021 年与能源有关的二氧化碳排放量增加 6%，达到历史最高水平，全球气温上升趋势未得到扭转。联合国环境规划署（UNEP）发布的《2021 年适应差距报告》表明，《巴黎协定》设定的 1.5℃温控目标可能会落空，已产生的气候影响不可逆转。在气候变化影响下，极端天气事件频发，给人类社会和自然生态造成了系统性冲击。

生物多样性丧失趋势未得到有效遏制。生物多样性使地球充满生机，也是人类生存和发展的基础。据统计，全球一半以上国内生产总量要依赖自然资源的贡献，超过 30 亿人的生计依赖海洋和沿海生物多样性。然而从现实来看，全球生物多样性普遍受威胁的形势在持续。截至 2020 年，联合国《生物多样性公约》“爱知目标”没有一个完全达成，20 个目标中仅有 6 个部分实现。世界自然基金会（WWF）发布的《地球生命力报告 2022》指出，自 1970 年以来全球范围内野生动物种群数量平均下降了 69%。过去的 300 年中，全球超过 85%的湿地已经消失；平均一半以上的海洋生物多样性重要区域没有得到保护；全球每年约 1000 万公顷的森林受到毁坏，约 4 万个物种在未来几十年内将面临灭绝风险。世界各国必须刻不容缓地采取变革行动，扭转生物多样性持续丧失的态势。

环境污染问题等仍在全球范围内不同程度地危害着人类的健康和发展。世界卫生组织（WHO）数据表明，约 99%的全球城市人口呼吸着被污染的空气。作为造成全球疾病负担最重要的环境因素之一，空气污染每年导致约600万至700万人过早死亡。很多发展中国家使用未经合理处理的废水灌溉以提高贫困地区农业生产力，但往往以牺牲人类健康和自然环境为代价。海洋也正面临塑料污染、酸化、富营养化等严重威胁，2021年超过1700万吨的塑料进入海洋，预计到2040年将增加近两倍。随着城市化程度不断提高，全球各大城市长期存在的固体废物问题继续加剧，2022年全球平均82%的城市固体废物被收集起来，仅55%在受控设施中进行处理。环境问题正日益引发经济损失，每年因污染而造成的福利损失相当于全球经济产出的6.2%左右。

全球生态系统破碎严重，生态赤字持续攀升，各类环境问题相互叠加，全球环境治理和可持续发展议程同样面临挑战。联合国《2030年可持续发展议程》落实进程过半，但在气候变化、地缘冲突等多重危机影响下，全球可持续发展目标平均指数连续两年下降，部分领域出现进展停滞甚至倒退，《2030年可持续发展议程》的全球落实受到重创，如期实现17个可持续发展目标前景不容乐观。

（三）全球环境治理赤字亟待解决

自1972年联合国人类环境会议开启人类发展理念和实践的变革以来，国际社会携手应对环境挑战已经走过半个多世纪。以联合国人类环境会议、联合国环境与发展大会、可持续发展世界首脑会议、联合国可持续发展大会（又称“里约+20”峰会）等重要国际会议为标志，全球环境治理经历了从无到有、从少数国家参与到多数国家推动、从被动的环境保护到主动的全球参与的发展历程。在经过了探索与奠基、实践与突破、分歧与彷徨等阶段后，全球环境治理体系在复杂的利益博弈中逐步调整完善，形成以多国政府、政府间国际组织和非政府组织为主体，联合行动应对全球性环境危机的基本秩序。但在国际社会不稳定、不确定性因素日益增加，有增无减的治理赤字、信任赤字、发展赤字、和平赤字对全球治理秩序带来冲击的背景下，全球环境治理也陷入一系列矛盾与困境。责任缺失、利益冲突、监管缺位、协调不畅等导致生态环境领域的治理赤字愈发凸显。

一方面，跨领域矛盾和焦点深度交织，全球环境治理意见分歧不断增加。在全球环境治理从"就环境谈环境"转向"跳出环境谈环境"的过程中，全球性环境问题与政治、经济、社会问题关联性日趋密切，与各行为主体之间的意识形态、政治博弈、跨国贸易等问题深度交织。随着环境领导力的内涵不断指向产业主导权、能源安全和技术引领等维度，各国在全球环境治理中的矛盾和焦点，也逐渐从"共同但有区别的责任"原则分歧，转变到能源、贸易、资金、市场、技术等多方面的利益竞争。这使南北之间经济发展和环境议题上的不平等、不平衡表现得更加突出，绿色鸿沟、利益认知差距和责任分歧也不断加剧。

另一方面，全球环境治理参与主体多元化，利益驱动下的阵营分化日益严重。联合国框架下的全球环境治理体系是多边体系，以主权国家为主要参与主体，也包括许多政府间国际组织和非政府组织。在全球环境治理体制高度分散化和碎片化，国际多边环境组织权威性和号召力下降的情况下，环境治理领导力量缺失。在各自利益诉求的驱动下，日益多元化的参与主体对解决全球环境问题持有不同的态度和应对方式，影响力此消彼长、关系越发错综复杂。除发达国家与发展中国家存在权益之争外，发达国家间在全球环境治理机制、模式上也存在明显分歧，发展中国家间在一些环境议题上也呈现出不同阵营，给凝聚全球环境治理合力带来障碍。

二、习近平生态文明思想的世界意义

世界怎么了、我们怎么办？面对不断加剧的全球生态环境危机和亟须破解的全球环境治理困局，习近平总书记站在人类文明发展和前途命运的高度，深刻把握人类发展大潮流、世界变化大格局，基于历史、立足当下、面向全球、着眼未来，系统阐释了人与自然、保护与发展、环境与民生、国内与国际等关系，创立了习近平生态文明思想。这一重要思想关于全球生态文明建设的思考，肇始于马克思主义政党"为人类求解放"的政治追求，根植于中华优秀传统文化"天下大同""和合共生"等价值观念，升华于中华民族伟大复兴战略全局与世界百年未有之大变局的历史性交汇的关键时期，既是造福中国的理论，也是造福世界的理论。这一重要思想凝结着对发展人类文明、建设清洁美丽世界的深刻洞见，是中国式现代化道路和人类文明新形态的重要内容和重大成果，为全球可持续发展、建设清洁美丽世界提供了科学指引。

（一）开辟了人类可持续发展理论的新境界

以1972年联合国人类环境会议、1992年联合国环境与发展大会、2002年联合国可持续发展世界首脑会议、2012年联合国可持续发展大会为标志，人类对环境问题的认识经历了从理念、到共识、到政策、到行动、再到拓展的飞跃。自 1987 年联合国世界环境与发展委员会正式明确可持续发展概念以来，学界基于实践不断丰富和完善这一理论体系，使其成为推动解决全球生态环境问题、促进人类社会可持续发展的主导思想，得到世界各国的认同，成为全球的行动纲领，并在指导全球实践中取得了积极进展和成效。然而，实践没有止境，理论创新也没有止境。全球可持续发展目标停滞不前的事实表明，这一理论体系在理念、原则、范畴、路径、方法等方面都需要进一步完善和发展。

习近平生态文明思想融汇人类的生态观点、理念、实践，创造性地继承和发展了马克思主义生态观与中华优秀传统文化的生态理念，将之升华为一个系统的、指导人类可持续发展的思想体系，开辟了全球人类可持续发展的新境界。这一重要思想创造性地提出生态兴则文明兴、人与自然是生命共同体，强调坚持人与自然和谐共生，革新了人与自然关系的认识，从理论上破解了人与自然二元割裂问题，为实现人与自然和谐相处提供了新的认识论支撑。这一重要思想创造性地提出绿水青山就是金山银山、良好生态环境是最普惠的民生福祉，强调绿色发展是发展观的深刻革命，强调保护环境就是保护生产力、改善环境就是发展生产力，深刻揭示了发展与保护的辩证关系，革新了对环境与经济、环境与民生等关系的认识，为破解发展与保护二元对立、不可兼得的难题提供了新的价值论支撑。这一重要思想创造性提出统筹山水林田湖草沙系统治理，强调用最严密的法治、最严格的制度保护生态环境，强调把生态文明建设转化为全体人民自觉行动，为解决可持续发展治理问题提供了新的方法论支撑。这一重要思想创造性指出生态文明是人类文明发展的历史趋势，强调共谋全球生态文明建设之路、共建清洁美丽世界，为实现生态环境的全球行动，推动构建地球生命共同体提供了新的世界观支撑。党的二十大指出，“站在人与自然和谐共生的高度谋划发展”，“坚持绿色低碳，推动建设一个清洁美丽的世界”，将这一重要思想对可持续发展理论的超越又提升到一个新的高度。

（二）提供了人与自然和谐共生的中国式现代化方案

世界上既不存在定于一尊的现代化模式，也不存在放之四海而皆准的现代化标准，在生态环境领域尤其如此。首先，近代以来西方国家实现现代化，均以工业化为驱动，创造积累的巨大物质财富是以牺牲自然环境为代价的。习近平生态文明思想的创立，不只是源于中国发展模式面临的特殊问题，更是工业革命后人类传统发展模式不可持续的普遍问题。美国学者唐纳德·沃斯特（Donald Worster）批评道：“工业资本主义，大肆渲染对所有对手的胜利，预示过建立一个永无止境地追求财富的‘新世界秩序’，但是，没有提出过任何可以达到社会、经济或生态方面的稳定状态的希望。”其次，在生态环境上，西方国家走了一条先污染、后治理、再转移的道路，实质上是依靠对落后国家掠夺而实现和维持的现代化。此外，西方以资本为中心的发展逻辑，强调资本的增殖和物质财富的积累，导致其现代化对自然的无视，无法从根本上解决生态环境问题。正如生态马克思主义者所指出的，资本主义制度和生产方式是生态危机的根源。最后，全球几十年可持续发展的实践表明，世界各国需要基于国情探索在地化的生态文明建设路径，才能确保可持续发展目标的落地和推进。

全球环境治理面临的诸多挑战迫切需要中国方案和中国智慧。

习近平总书记深刻反思西方传统现代化模式，分析西方式现代化道路在解决生态环境问题上的不足，坚决摒弃西方以资本为中心、物质主义膨胀、先污染后治理的现代化老路，打破“人类中心主义”的迷思，开创了一条人与自然和谐共生的中国式现代化道路。习近平总书记强调，我们要建设的现代化是人与自然和谐共生的现代化，既要创造更多物质财富和精神财富以满足人民日益增长的美好生活需要，也要提供更多优质生态产品以满足人民日益增长的优美生态环境需要。党的二十大进一步强调，中国式现代化是人与自然和谐共生的现代化，促进人与自然和谐共生是中国式现代化的本质要求之一。人与自然和谐共生的现代化打破了“现代化等于西方化”的迷思，向世界树立了现代化的生态文明价值取向，展现了不同于西方现代化模式的新图景，给发展中国家破解工业文明以来经济增长和环境保护协调发展的难题，解决人与自然和谐共生问题，提供了全新选择。

（三）创造了人类生态文明新形态

一个清洁美丽的世界，是建设生态文明的应有之义，也是开启人类高质量发展新征程的目的所在。习近平总书记从着力解决全球生态环境问题的实践中，提出符合全人类共同利益的一系列主张和倡议，擘画了共建清洁美丽世界的美好蓝图，成为引领全球生态文明建设的目标愿景。提出要以生态文明建设为引领，协调人与自然关系；以绿色转型为驱动，助力全球可持续发展；以人民福祉为中心，促进社会公平正义；以国际法为基础，维护公平合理的国际治理体系。倡导全人类深怀对自然的敬畏之心，构建人与自然和谐共生的地球家园；加快形成绿色发展方式，构建经济与环境协同共进的地球家园；

加强团结、共克时艰，构建世界各国共同发展的地球家园。强调秉持人类命运共同体理念，坚持共谋全球生态文明建设之路，推动构建公平合理、合作共赢的全球环境治理体系，推动各方维护多边共识、聚焦务实行动、加速绿色转型，为共同建设清洁美丽的世界注入信心和力量。

习近平总书记深刻指出，生态文明是人类文明发展的历史趋势。人类经历了原始文明、农业文明、工业文明，生态文明是工业文明发展到一定阶段的产物，是实现人与自然和谐发展的新要求；是人类文明新形态在生态层面的具象化表达，是人类文明发展进步的新形态和新道路。习近平生态文明思想扩展了人类文明新形态的深刻内涵，彰显了中国特色、战略眼光和世界价值，丰富和发展了对人类文明发展规律、自然规律、经济社会发展规律的认识。习近平生态文明思想的国际影响力不断提升，必将带来重构人与自然关系的全球影响，也必将为重建全球绿色生态体系提供理论和实践指引，更重要的是必将带来全球生态环境治理格局的重塑。生态文明这一文明新形态，成熟于中国大地的实践土壤，代表了更加先进的生产力和生产关系，实现了人口、资源、环境与社会生产力发展的协调适应，推动了人类文明由工业文明向生态文明的范式转型。

三、共谋全球生态文明建设之路的中国答卷

在习近平生态文明思想的科学指引下，中国积极有为地参与全球环境治理和可持续发展进程，美丽中国建设迈出重大步伐，我国生

态环境保护发生历史性、转折性、全局性变化。在实现世所罕见的经济快速发展奇迹和社会长期稳定奇迹的同时，中国取得了举世瞩目的生态奇迹和绿色发展奇迹，为全球生态文明建设提供了中国智慧、中国方案、中国力量，已经成为全球生态文明建设的重要参与者、贡献者、引领者，有力验证了习近平生态文明思想的真理力量和实践伟力。

（一）坚定不移参与全球可持续发展进程

作为世界最大的发展中国家，自 1972 年在瑞典斯德哥尔摩举办联合国人类环境会议开始，中国生态文明建设的历程和全球可持续发展进程始终同频共振。中国将可持续发展上升为国家战略并积极实施，坚定不移履行承诺、推动实践，努力增进多边合作、履行国际公约、搭建多边平台、开展环境外交，做全球可持续发展的忠实践行者，得到了国际社会的高度评价和赞誉。

中国批准实施《巴塞尔公约》《生物多样性公约》《联合国气候变化框架公约》《巴黎协定》等 30 多项与生态环境有关的多边公约，率先发布《中国落实 2030 年可持续发展议程国别方案》，并以本国实践助力各项国际公约发挥出更大效力。先后举办《联合国防治荒漠化公约》第十三次缔约方大会、《湿地公约》第十四届缔约方大会以及《生物多样性公约》第十五次缔约方大会等环境领域重要国际会议，为推动世界可持续发展多边合作搭建交流平台。在中国—东盟环境合作论坛、上海合作组织、中非合作论坛、中阿环保合作论坛、中拉论坛框架下，主动加强与环境大国、周边国家、发展中国家的环境外交，达成《中美应对气候危机联合声明》等，推动双边与多边气候领域对话，展现出负责任大国的担当。面对逆全球化和保护主义、单边主义抬头，中国不断扩大对外开放，积极同各方开展国际合作。截至 2020 年底，我国与 100 多个国家开展生态环境国际合作与交流，与 60 多个国家、国际及地区组织签署约 150 项生态环境保护合作文件，开展了一系列务实行动，对实现联合国 2030 年可持续发展目标产生了积极影响。

（二）为全球生态环境治理贡献中国力量

建设绿色家园是人类的共同梦想。“中国把自己的事情办好了，对世界而言就是贡献。”同时，中国追求的是共同发展，坚持合作共赢，让发展成果造福世界，惠及世界各国人民。面对全球生态环境危机和环境治理赤字，中国以前所未有的决心和力度推进生态文明建设，全方位、全地域、全过程加强生态环境保护，推动绿色、循环、低碳发展，实现了生态环境保护历史性、转折性、全局性变化，也为全球生态环境治理作出了重要贡献。

在应对气候变化方面，中国是近 10 年全球能耗强度降低最快的国家之一，也是全球可再生能源利用规模最大的国家。中国建设性参与气候变化多边进程，为《巴黎协定》的达成、生效和顺利实施作出了历史性的贡献；积极推进气候变化国际合作，持续深化应对气候变化南南合作，截至 2022 年底，累计安排超过 12 亿元人民币，签署 13 份合作文件，培训超过 2000 名发展中国家相关人员。在环境污染治理方面，中国深入推进清洁能源转型，污染防治攻坚向纵深推进，生态环境质量持续改善。2021 年中国地级及以上城市 PM2. 5 平均浓度比 2015 年下降 34. 8%，空气质量优良天数比例达到 87. 5%；地表水水质优良断面比例达到 84.9%；土壤污染风险得到有效管控，实现固体废物“零进口”目标。为世界各国治理环境污染作出突出贡献，提供了中国方案。在生态保护方面，中国在世界范围内率先实现了土地退化“零增长”，荒漠化土地和沙化土地面积“双减少”，对全球实现 2030 年土地退化零增长目标发挥了积极作用；全球新增绿色植被面积 1/4 来自中国，成为全球“增绿”领跑者。在生物多样性保护方面，中国是最早批准《生物多样性公约》的国家之一。自 2019 年以来，中国一直是《生物多样性公约》及其各项议定书核心预算的最大捐助国。截至 2019 年底，提前一年实现联合国提出的 17%目标。中国在 20 个“爱知目标”中，3 个目标进展超越预期，13 个目标取得关键性突破，4 个目标取得阶段性进展，执行总体情况好于全球平均水平。

（三）积极引领全球生态文明建设

党的十八大以来，在习近平生态文明思想的指引下，中国逐步在全球生态环境治理的诸多领域扮演领跑者角色，在国际舞台发挥重要引领作用。从跟跑到并跑再到领跑，中国提出生态文明建设的一系列解决方案，为解决全球环境治理赤字凝聚各国力量，贡献中国智慧。

引领应对气候变化国际合作取得重大进展。在习近平总书记的亲自部署、亲自推动下，我国积极引领气候变化谈判进程，在推动《巴黎协定》达成、签署、生效和实施中发挥关键作用。引领全球生物多样性治理开启崭新篇章：中国作为联合国《生物多样性公约》第十五次缔约方大会主席国推动会议通过《昆明宣言》，并达成了历史性的成果文件——《昆明—蒙特利尔全球生物多样性框架》，为全球生物多样性治理擘画了新的蓝图。引领绿色“一带一路”成为国际合作新亮点：中国将生态文明领域合作作为共建“一带一路”重点内容，发起了系列绿色行动倡议，携手各方共建绿色“一带一路”，持续造福参与共建“一带一路”的各国人民。引领多边对话合作机制日趋活跃：中国积极筹办生态文明国际论坛、北京世界园艺博览会等主场外交活动，建立中国—上合组织、中非、中国—东盟、澜沧江—湄公河等多边对话合作机制，加强全球环境治理合作。随着生态文明被纳入联合国文件、成为联合国大会主题，习近平生态文明思想的国际影响力日益提升，为全球贡献了最重要的中国智慧。

四、深入推进全球环境治理，加快建设清洁美丽世界

党的二十大提出，推动绿色发展，促进人与自然和谐共生，积极参与应对气候变化全球治理，坚持绿色低碳，推动建设一个清洁美丽的世界。这为中国持续推动全球可持续发展指明了路径方向、明确了目标要求。当前，全球环境治理进程的第二个 50 年已经开启。中国将坚持以习近平生态文明思想为指引，一如既往参与全球环境治理进程，坚定践行多边主义，积极推动构建人类命运共同体，坚持共同但有区别的责任原则，主动承担同国情、发展阶段和能力相适应的环境治理义务，努力推动构建公平合理、合作共赢的全球环境治理体系，共同推动建设一个清洁美丽的世界。

（一）充分展现大国担当，减少全球环境治理赤字

一是积极参与国际环境公约谈判和履约。坚持发展中国家主张，以更加积极姿态参与全球环境公约谈判议程和国际规则制定，维护生态环境权益的公平正义。切实履行各项公约义务，推动“昆明—蒙特利尔全球生物多样性框架”等机制的有效执行。

二是坚持在联合国环境规划署等多边框架下开展全球环境治理，支持多边环境组织提升自身影响力，在全球环境治理中发挥更大作用。

三是在能力条件允许的情况下，进一步通过实施“一带一路”应对气候变化南南合作计划、绿色丝路使者计划等，帮助发展中国家提高生态环境治理能力。

四是推动完善全球环境治理体系。积极倡导在资金筹措机制、违规惩戒机制等方面的探索创新，督促发达国家切实履行对发展中国家的资金筹措承诺，进一步推动缩小南北环境治理赤字。

（二）坚定践行多边主义，深化全球环境治理合作机制

一是深入推进绿色“一带一路”建设。当前，共建“一带一路”不断向着更加绿色、更加可持续的方向演进，绿色“一带一路”不仅成为共建“一带一路”高质量发展的关键环节，也为完善全球环境治理体系提供了新的实践路径。要把生态环境保护、绿色低碳发展摆在共建“一带一路”更加突出位置，带动各国推动落实联合国《2030 年可持续发展议程》。发挥引领者作用，助推全球绿色发展，释放共建“一带一路”发展潜能。

二是构建更加深入广泛的环境外交格局。继续加强与美国、欧盟等环境大国和国际组织的对话沟通，建立完善生态环境领域高层对话协商机制，在应对气候变化、生物多样性保护等方面进一步加强共识与合作。增进与周边国家、发展中国家在生态环境领域的沟通协作，扩大绿色合作伙伴，争取更加广泛支持。

（三）积极传播中国理念，凝聚全球环境治理广泛共识

传播力决定一个国家的影响力，话语权决定一个国家在国际上的塑造力。当前，个别西方发达国家在环境议题上对我国妄加指责、围堵打压，渲染抹黑中国生态文明建设成就，阻碍绿色“一带一路”国际合作，企图利用生态环境问题对我国进行“规锁”。加强对外话语能力建设，不仅能够有力回击个别西方国家的污蔑，也有利于进一步消除分歧、凝聚共识。要增强底气、鼓起士气，宣传好中国参与全球环境治理实践的生动故事和突出成就，用中国理论阐释中国实践，用中国实践升华中国理论。要创新人类命运共同体理念的国际表达，积极传播中国生态文明理念，使中国智慧、中国主张转换为世界性通用语言，传之越广、受之越多，以强大的理念和实践感召力凝聚更加广泛的全球环境治理行动共识。

树牢绿水青山就是金山银山理念*

党的二十大报告对“推动绿色发展，促进人与自然和谐共生”作出重大安排部署，强调必须牢固树立和践行绿水青山就是金山银山的理念，站在人与自然和谐共生的高度谋划发展。正确处理好生态环境保护和发展的关系，是实现可持续发展的内在要求，也是推进现代化建设的重大原则。党的十八大以来，习近平总书记多次强调和阐述绿水青山就是金山银山的理念，指明了实现发展和保护协同共生的新路径。

蕴含丰富时代内涵

绿水青山和金山银山，是对生态环境保护和经济发展的形象化表达，这两者绝不是对立的，而是辩证统一的。习近平总书记强调：“我们既要绿水青山，也要金山银山。宁要绿水青山，不要金山银

---

* 原文刊登于《经济日报》2023年1月17日第10版，作者：习近平生态文明思想研究中心。

山，而且绿水青山就是金山银山。”

绿水青山就是金山银山的理念深刻揭示了保护生态环境就是保护生产力、改善生态环境就是发展生产力。马克思主义认为，“人靠自然界生活”，自然不仅给人类提供了生活资料来源，而且给人类提供了生产资料来源。绿水青山就是金山银山，深化了马克思主义关于人与自然、生产和生态的辩证统一关系的认识。保护生态环境，加快发展方式绿色转型，可以激发更大的创新动能和更广阔的市场空间，提升可持续生产力，对于科技发展和绿色消费具有极大的推动作用。

绿水青山就是金山银山的理念深刻阐明了保护生态环境就是保护自然价值和增值自然资本。草木植成，国之富也。良好生态蕴含着无穷的经济价值，能够源源不断创造综合效益，实现经济社会可持续发展。习近平总书记指出，生态本身就是价值。这里面不仅有林木本身的价值，还有绿肺效应，更能带来旅游收入、林下经济等。绿水青山就是金山银山，这实际上是增值的。

绿水青山就是金山银山的理念深刻诠释了保护生态环境就是改善民生。环境就是民生，青山就是美丽，蓝天也是幸福。习近平总书记指出，绿水青山可带来金山银山，但金山银山却买不到绿水青山。山峦层林尽染，平原蓝绿交融，城乡鸟语花香，这样的自然美景带给人们美的享受，这种生态优势是金子换不来的。绿水青山是人民群众健康的重要保障，是人民群众的共有财富，要让人民群众在绿水青山中共享自然之美、生命之美、生活之美。

成为共识和行动

绿水青山就是金山银山的理念符合人类社会发展规律，已成为全党全社会的共识和行动。随着我国生态文明建设的不断深入，人们越来越清醒认识到，人不负青山，青山定不负人，只有把绿水青山建得更美、把金山银山做得更大，才能做到生态效益、经济效益、社会效益同步提升，才能真正实现百姓富、生态美的有机统一。

党的十八大以来，我们坚持绿水青山就是金山银山的理念，全方位、全地域、全过程加强生态环境保护，创造了举世瞩目的生态奇迹和绿色发展奇迹，美丽中国建设迈出重大步伐，中华大地天更蓝、山更绿、水更清。新时代十年，我国以年均 3%的能源消费增速支撑了年均 6%的经济增长，成为全球能耗强度降低最快的国家之一。2021 年，全国地级以上城市 PM2. 5 的平均浓度比 2015 年下降了 34. 8%，空气质量优良天数的比率达到了 87. 5%，成为世界上空气质量改善最快的国家。全国地表水Ⅰ～Ⅲ类优良水体断面比例提升了 23. 3 个百分点，达到了 84. 9%，已接近发达国家水平。土壤污染风险得到有效管控，全面禁止洋垃圾入境，实现固体废物“零进口”目标。我国已成为全球可再生能源利用规模最大的国家、近 20 年全球森林资源增长最多的国家，人民群众生态环境幸福感、获得感、安全感显著提升。

绿水青山就是金山银山的理念，源于实践又指导实践，并在实践中不断丰富和发展。党的二十大报告总结了新时代我国生态文明建设取得的重大成就，强调中国式现代化是人与自然和谐共生的现代化，促进人与自然和谐共生是中国式现代化的本质要求之一。

始终坚定不移践行

绿水青山就是金山银山的理念是推进生态文明建设的重要思想基础，体现了尊重自然、顺应自然、保护自然的价值取向。新时代新征程，我们要牢固树立和践行绿水青山就是金山银山的理念，坚持山水林田湖草沙一体化保护和系统治理，更好统筹产业结构调整、污染治理、生态保护、应对气候变化，协同推进降碳、减污、扩绿、增长，努力建设人与自然和谐共生的美丽中国。

站在人与自然和谐共生的高度谋划发展。这是党中央立足新时代新征程党的使命任务对谋划经济社会发展提出的重大要求和根本遵循。要完整、准确、全面贯彻新发展理念，加快构建新发展格局，着力推动高质量发展，按照生态优先、节约集约、绿色低碳发展的要求，做好顶层设计和战略安排。

加快推进生态产品价值实现。建立健全生态产品价值实现机制，是践行绿水青山就是金山银山理念的关键路径。要探索政府主导、企业和社会各界参与、市场化运作、可持续的生态产品价值实现路径。建立完善生态产品价值实现的制度框架，开展生态系统生产总值（GEP）核算。完善生态保护补偿制度，让保护修复生态环境获得合理回报，让破坏生态环境付出相应代价。

将系统观念贯穿生态文明建设全过程。要更加注重系统观念的科学运用和实践深化，坚持综合治理、系统治理、源头治理。坚持系统思维，在协同推进降碳、减污、扩绿、增长等多重目标中，寻求探索最佳平衡点。确保安全降碳，在经济发展中促进绿色低碳转型，在绿色转型中推动经济实现质的有效提升和量的合理增长。

站在人与自然和谐共生的高度谋划发展*

党的二十大报告指出："必须牢固树立和践行绿水青山就是金山银山的理念，站在人与自然和谐共生的高度谋划发展。"我们要深入学习领会，牢牢把握党的二十大关于加强生态文明建设的新部署新任务新要求，加快推动绿色发展，促进人与自然和谐共生。

（一）

站在人与自然和谐共生的高度谋划发展，是持续推动中国式现代化的内在要求。中国式现代化既有世界各国现代化的共同特征，更有基于自己国情的中国特色，其中之一就是要建设人与自然和谐共生的现代化。我国拥有 14 亿多人口，全面建设社会主义现代化国家，必须坚持节约优先、保护优先、自然恢复为主的方针，像保护眼睛一样保护自然和生态环境，坚持可持续发展，坚定不移走生产发展、生

---

* 原文刊登于《学习时报》2023 年 1 月 20 日第 2 版，作者：习近平生态文明思想研究中心。

活富裕、生态良好的文明发展道路。

站在人与自然和谐共生的高度谋划发展，是深入推进生态文明建设的战略要求。进入新发展阶段，我国生态文明建设面临新的机遇。在加快构建新发展格局、实现高质量发展战略推动下，我国生态文明建设进入了以降碳为重点战略方向、推动减污降碳协同增效、促进经济社会发展全面绿色转型、实现生态环境质量改善由量变到质变的关键时期。也要看到，我国生态环境稳中向好的基础还不稳固，生态环境保护任务依然艰巨。

站在人与自然和谐共生的高度谋划发展，是着力促进经济社会发展全面绿色转型的现实要求。经济社会发展全面绿色转型，核心是绿色，关键是全面，要害是转型。绿色决定发展的成色，绿色发展就是要解决好人与自然和谐共生的问题。全面就是经济建设、政治建设、文化建设、社会建设、生态文明建设各方面、各领域、各环节，都要在促进人与自然和谐共生的前提下统筹考虑、一体谋划、综合施策。转型是对生产方式、生活方式、思维方式和价值观念的全方位、革命性变革，突破传统发展思维、发展理念和发展模式，追求绿色繁荣。

（二）

新征程上，我们要牢牢把握好习近平新时代中国特色社会主义思想的世界观和方法论，坚持好、运用好贯穿其中的立场观点方法，完整准确全面贯彻习近平生态文明思想。

必须坚持人民至上。马克思主义的人民立场是中国共产党的根本政治立场。良好生态环境是最普惠的民生福祉，是我国生态文明建设的宗旨要求。随着我国社会主要矛盾发生变化，人民群众对优美生态环境的需要成为这一矛盾的重要方面。尤其是全面建成小康社会后，人民群众对优美生态环境的期望值更高，对生态环境问题的容忍度更低。新征程上，我们必须始终坚持以人民为中心，深入推进环境污染防治，持续改善生态环境质量，让人民群众在绿水青山中共享自然之美、生命之美、生活之美。

必须坚持自信自立。独立自主是中华民族精神之魂，也是我们立党立国的重要原则。我们党领导中国革命、建设和改革取得令世界瞩目辉煌成就的同时，也推动生态环境保护事业从无到有、不断壮大。特别是新时代十年来，我们以年均3%的能源消费增速支撑了年均6%的经济增长，成为全球能耗强度下降最快、可再生能源利用规模最大、治理大气污染速度最快、森林资源增长最多的国家，创造了举世瞩目的生态奇迹和绿色发展奇迹。

必须坚持守正创新。守正才能不迷失方向、不犯颠覆性错误，创新才能把握时代、引领时代。这十年，我们党持续深化生态环境领域改革，陆续出台中央生态环境保护督察、环保垂改、排污许可等一系列重大制度安排，生态环境保护水平和能力不断提升。新征程上，我们更要以科学的态度对待科学、以真理的精神追求真理，继续回答好生态文明建设相关重大理论和实践问题。

必须坚持问题导向。问题是时代的声音，回答并指导解决问题是理论的根本任务。新时代的十年，我们党始终把解决生态环境领域民生之患、民心之痛作为出台政策的出发点、落脚点，把化解矛盾、破解难题作为打开新时代生态文明建设局面的突破口。新征程上，我们必须增强问题意识，聚焦生态文明建设面临的新形势新任务新要求，不断提出解决问题的新理念新思路新办法。

必须坚持系统观念。系统观念是基础性的思想和工作方法。生态保护和污染防治密不可分、相互作用，必须统筹推进、协同发力。在推动绿色发展、促进人与自然和谐共生方面，党的二十大对坚持“一体化保护和系统治理”“统筹”“协同推进”提出了许多要求。在生态环境保护实践中，要更加注重系统观念的科学运用和实践深化。新征程上，我们必须把握好理论与实践相结合、历史与现实相贯通、国际与国内相关联，不断提高运用系统观念谋事、干事、成事的能力。

必须坚持胸怀天下。进入新时代，我们坚定践行多边主义，努力推动构建公平合理、合作共赢的全球环境治理体系。党的二十大报告提出，坚持绿色低碳，推动建设一个清洁美丽的世界。建设绿色家园是人类的共同梦想。新征程上，我们必须持续深化生态环境保护国际交流与合作，共同应对全球环境问题挑战，为建设清洁美丽的世界贡献中国智慧、中国方案、中国力量。

（三）

在生态文明建设上，我们要深入学习领会贯彻党的二十大对推动绿色发展、促进人与自然和谐共生作出的重大部署，书写美丽中国建设的新篇章。

牢牢把握重大逻辑。党的二十大报告强调，尊重自然、顺应自然、保护自然，是全面建设社会主义现代化国家的内在要求。报告还明确提出，高质量发展是全面建设社会主义现代化国家的首要任务。经济社会发展绿色化、低碳化是完成首要任务的关键环节。环环相扣、紧密相连，绿色低碳发展、高质量发展和中国式现代化，在理论逻辑、任务逻辑、行动逻辑上，更加紧密、更加内生、更加融合。我们要完整、准确、全面贯彻新发展理念，站在人与自然和谐共生的高度谋划发展，推进生态优先、节约集约、绿色低碳发展。

牢牢把握奋斗目标。党的二十大报告强调，我们要推进美丽中国建设。这也是党的十八大以来一以贯之的目标要求。党的十八大报告把大力推进生态文明建设单列专章进行部署，并提出努力建设美丽中国的目标。党的十九大报告第一次把“美丽”纳入社会主义现代化强国目标，把“生态文明建设”纳入“五位一体”总体布局，把“人与自然和谐共生”纳入新时代坚持和发展中国特色社会主义基本方略。在生态文明建设上，我们要推进美丽中国建设，让生产空间更加集约高效、生活空间更加宜居适度、生态空间更加山清水秀。

牢牢把握战略任务。党的二十大报告提出，加快发展方式绿色转型，深入推进环境污染防治，提升生态系统多样性、稳定性、持续性，积极稳妥推进碳达峰碳中和。进一步明确了推动绿色发展、促进人与自然和谐共生的四大战略任务，把碳达峰碳中和纳入生态文明建设整体布局和经济社会发展全局，进一步做实降碳是生态文明建设的重点战略方向。我们要努力促进经济社会发展全面绿色转型，不断提升经济发展的“含金量”“含绿量”，降低“含碳量”，增加“美丽经济”，减少“黑色经济”。

牢牢把握路径策略。党的二十大报告强调，坚持山水林田湖草沙一体化保护和系统治理，统筹产业结构调整、污染治理、生态保护、应对气候变化，协同推进降碳、减污、扩绿、增长。其中，“一体化保护和系统治理”“统筹”和“协同推进”，这一组关键词，也是一套“组合拳”，清晰地勾画出实现美丽中国建设目标的路径策略。在战术路径上，二十大报告还提出，“坚持精准治污、科学治污、依法治污”“加强污染物协同控制”“统筹水资源、水环境、水生态治理”等要求。我们要坚持系统观念，在多重目标中寻求探索最佳平衡点，在安全降碳的前提下，促进绿色低碳转型发展，推动经济实现质的有效提升和量的合理增长。

深入学习贯彻党的二十大精神 建设人与自然和谐共生的美丽中国*

一、深入学习贯彻党的二十大精神

本节主要包括以下七个方面内容：一是关于党的二十大的主题，二是关于过去五年的工作和新时代十年的伟大变革，三是关于马克思主义中国化时代化，四是关于中国式现代化，五是关于全面建设社会主义现代化国家的目标任务，六是关于坚持党的全面领导和全面从严治党，七是关于应对风险挑战。

第一，关于党的二十大的主题。党的二十大的主题是：高举中国特色社会主义伟大旗帜，全面贯彻习近平新时代中国特色社会主义思想，弘扬伟大建党精神，自信自强、守正创新，踔厉奋发、勇毅前行，为全面建设社会主义现代化国家、全面推进中华民族伟大复兴而团结奋斗。这个主题非常鲜明，郑重宣示了中国共产党和中国人民举什么旗、走什么路、以什么样的精神状态、朝着什么样的目标继续前

* 原文刊登于《中国生态文明》2022 年第 6 期，作者：钱勇。

进。大会的主题是党的二十大报告统摄全局的灵魂。

第二，关于过去五年的工作和新时代十年的伟大变革。党的十九大以来的五年，是极不寻常、极不平凡的五年。我们党团结带领人民，攻克了许多长期没有解决的难题，办成了许多事关长远的大事要事，推动党和国家事业取得举世瞩目的重大成就。其中，报告指出，“大力推进生态文明建设”。

接下来，报告用“3+16+4”的结构，总结了新时代十年的伟大变革。

“3”是指十年来我们经历了三件大事：一是迎来中国共产党成立一百周年，二是中国特色社会主义进入新时代，三是完成脱贫攻坚、全面建成小康社会的历史任务，实现第一个百年奋斗目标。这是中国共产党和中国人民团结奋斗赢得的历史性胜利，是彪炳中华民族发展史册的历史性胜利，也是对世界具有深远影响的历史性胜利。

“16”是指报告从十六个方面总结了新时代十年党和国家事业取得的历史性成就、发生的历史性变革。其中，第十一个方面总结了生态文明建设和生态环境保护取得的巨大成就，我们创造了举世瞩目的生态奇迹和绿色发展奇迹。报告指出，我们坚持绿水青山就是金山银山的理念，坚持山水林田湖草沙一体化保护和系统治理，全方位、全地域、全过程加强生态环境保护，生态文明制度体系更加健全，污染防治攻坚向纵深推进，绿色、循环、低碳发展迈出坚实步伐，生态环境保护发生历史性、转折性、全局性变化，我们的祖国天更蓝、山更绿、水更清。报告在充分肯定生态文明建设成就的同时深刻指出，十年前面临的形势是“资源环境约束趋紧、环境污染等问题突出”。当前还存在一些不足，面临不少困难和问题，主要是“生态环境保护任务依然艰巨”。

“4”是指报告提出，新时代十年的伟大变革，在党史、新中国史、改革开放史、社会主义发展史、中华民族发展史上，具有四个里程碑意义：一是走过百年奋斗历程的中国共产党在革命性锻造中更加坚强有力；二是中国人民的前进动力更加强大、奋斗精神更加昂扬、必胜信念更加坚定，焕发出更为强烈的历史自觉和主动精神；三是改革开放和社会主义现代化建设深入推进，实现中华民族伟大复兴进入了不可逆转的历史进程；四是科学社会主义在21世纪的中国焕发出新的蓬勃生机，中国式现代化为人类实现现代化提供了新的选择。

第三，关于马克思主义中国化时代化。马克思主义是我们立党立国、兴党兴国的根本指导思想。党的十八大以来，针对国内外形势新变化和实践新要求，我们党不断深化对共产党执政规律、社会主义建设规律、人类社会发展规律的认识，推动党的创新理论取得重大成果，集中体现为创立了习近平新时代中国特色社会主义思想，实现了马克思主义中国化时代化新的飞跃。我们党更加深刻认识到，坚持和发展马克思主义，不仅要继续做到把马克思主义基本原理同中国具体实际相结合，还要做到同中华优秀传统文化相结合。继续推进实践基础上的理论创新，我们要深刻把握习近平新时代中国特色社会主义思想的世界观和方法论，坚持好贯穿其中的立场。针对党的十九大以来习近平新时代中国特色社会主义思想的新发展，党的二十大报告的一个重大理论贡献就是总结凝练出“六个必须”：一是必须坚持人民至上，体现了根本立场；二是必须坚持自信自立，体现了精神特质；三是必须坚持守正创新，体现了理论品格；四是必须坚持问题导向，体现了实践要求；五是必须坚持系统观念，体现了思想方法；六是必须坚持胸怀天下，体现了世界大同。

第四，关于新时代新征程中国共产党的使命任务。党的二十大报告指出，从现在起，中国共产党的中心任务就是团结带领全国各族人民全面建成社会主义现代化强国、实现第二个百年奋斗目标，以中国式现代化全面推进中华民族伟大复兴。

报告还强调，中国式现代化既有各国现代化的共同特征，更有基于自己国情的中国特色。关于中国式现代化，报告指出：一是人口规模巨大的现代化，二是全体人民共同富裕的现代化，三是物质文明和精神文明相协调的现代化，四是人与自然和谐共生的现代化，五是走和平发展道路的现代化。报告还提出了中国式现代化的九条本质要求，“促进人与自然和谐共生”是其中一条。

前进道路上，我们必须增强忧患意识，坚持底线思维，随时准备经受风高浪急甚至惊涛骇浪的重大考验，必须牢牢把握五条重大原则：一是坚持和加强党的全面领导，二是坚持中国特色社会主义道路，三是坚持以人民为中心的发展思想，四是坚持深化改革开放，五是坚持发扬斗争精神。

第五，关于全面建设社会主义现代化国家的目标任务。党的二十大报告明确，如期完成我们党的中心任务，需要分两步走的战略安排。在生态文明建设方面，到 2035 年的总体目标是，广泛形成绿色生产生活方式，碳排放达峰后稳中有降，生态环境根本好转，美丽中国目标基本实现。今后五年的主要目标任务是，城乡人居环境明显改善，美丽中国建设成效显著。

在经济建设方面，报告提出高质量发展是全面建设社会主义现代化国家的首要任务。围绕加快构建新发展格局、着力推动高质量发展，报告从五个方面作出部署，即构建高水平社会主义市场经济体制、建设现代化产业体系、全面推进乡村振兴、促进区域协调发展、推进高水平对外开放。

在政治建设方面，报告强调发展全过程人民民主。人民民主是社会主义的生命，全过程人民民主是社会主义民主政治的本质属性，也是最广泛的民主、最真实的民主、最管用的民主。围绕发展全过程人民民主、保障人民当家作主，报告从加强人民当家作主制度保障、全面发展协商民主、积极发展基层民主、巩固和发展最广泛的爱国统一战线四个方面作出了部署。党的二十大报告的起草过程，充分彰显了全过程人民民主。在报告征求意见稿出炉之前，党中央就党的二十大议题征求了 109 个部门和单位的意见，并安排 54 个部门完成 26 个专题 80 份调研报告，其中之一就是要建设人与自然和谐共生的现代化。报告征求意见稿成形后，征求党内外有关方面意见和建议的人数达 4700 多人。2022 年 4 月 15 日至 5 月 16 日，党的二十大相关工作网络征求意见活动开展。这是我们党历史上第一次将党的全国代表大会相关工作面向全党全社会公开征求意见。

在文化建设方面，报告主要围绕推进文化自信自强、铸就社会主义文化新辉煌，从五个方面进行了部署，即建设具有强大凝聚力和引领力的社会主义意识形态、广泛践行社会主义核心价值观、提高社会文明程度、繁荣发展文化事业和文化产业、增强中华文明传播力影响力。

在社会建设方面，报告主要围绕增进民生福祉、提高人民生活品质，从四个方面作出了部署，即完善分配制度、实施就业优先战略、健全社会保障体系、推进健康中国建设。

在生态文明建设方面，报告提出了许多新理念新思想新战略。比如，“尊重自然、顺应自然、保护自然，是全面建设社会主义现代化国家的内在要求”“站在人与自然和谐共生的高度谋划发展”“推动经济社会发展绿色化、低碳化是实现高质量发展的关键环节”。围绕推动绿色发展、促进人与自然和谐共生，报告从四个方面作出了部署，即加快发展方式绿色转型，深入推进环境污染防治，提升生态系统多样性、稳定性、持续性，积极稳妥推进碳达峰碳中和。

在教育、科技和人才方面，报告强调科技是第一生产力、人才是第一资源、创新是第一动力。教育、科技、人才是全面建设社会主义现代化国家的基础性、战略性的支撑。围绕实施科教兴国战略、强化现代化建设人才支撑，报告从四个方面作出了部署，即办好人民满意的教育、完善科技创新体系、加快实施创新驱动发展战略、深入实施人才强国战略。

在全面依法治国方面，报告主要围绕坚持全面依法治国、推进法治中国建设，从四个方面作出了部署，即完善以宪法为核心的中国特色社会主义法律体系、扎实推进依法行政、严格公正司法、加快建设法治社会。

在国家安全方面，报告主要围绕推进国家安全体系和能力现代化、坚决维护国家安全和社会稳定，从四个方面作出了部署，即健全国家安全体系、增强维护国家安全能力、提高公共安全治理水平、完善社会治理体系。

第六，关于坚持党的全面领导和全面从严治党。围绕坚定不移全面从严治党、深入推进新时代党的建设新的伟大工程，报告从七个方面作出了部署，即坚持和加强党中央集中统一领导、坚持不懈用习近平新时代中国特色社会主义思想凝心铸魂、完善党的自我革命制度规范体系、建设堪当民族复兴重任的高素质干部队伍、增强党组织政治功能和组织功能、坚持以严的基调强化正风肃纪、坚决打赢反腐败斗争攻坚战持久战。

第七，关于应对风险挑战。当前，世界百年未有之大变局加速演进，新一轮科技革命和产业变革深入发展，世界之变、时代之变、历史之变正在以前所未有的方式展开，世界经济复苏乏力，治理赤字、信任赤字、发展赤字、和平赤字加重，世界进入新的动荡变革期。此外，全球生态赤字持续扩大，旧账未还，又欠新账。世界又一次站在历史的十字路口，这是我们改革开放以来从未遇到过的，给我国现代化建设提出了一系列新课题、新挑战，直接考验我们的斗争勇气、战略定力、应对能力。

从国际看，风险挑战主要来自美国遏华阻华的政治战略，我们要做好心理准备。美国把我国当作竞争对手，实施极限打压不是短期的，也不是我们忍一忍、让一让就过去了，这将一直伴随我国现代化和中华民族伟大复兴的整个进程。历史经验表明，以斗争求安全则安全存，以妥协求安全则安全亡。我们别无选择，唯有丢掉幻想，敢于斗争，善于斗争，在斗争中求安全、保发展。不斗争不可能有安全，不发展是最大的不安全。从国内看，当前我国经济社会发展面临不少新的矛盾和风险挑战。受到超预期因素影响，需求收缩、供给冲击、预期转弱的三重压力，不仅没有减弱，反而有所加剧。各种“黑天鹅”“灰犀牛”事件随时可能发生，必须妥善应对和处置，坚决守住不发生系统性风险的底线。

二、坚持以习近平生态文明思想为指导

第一，习近平生态文明思想的渊源基础。这一重要思想是我们党的创新理论最新成果，是习近平新时代中国特色社会主义思想的重要组成部分。这一重要思想不是凭空产生的，而是来源于实践、指导实践的科学理论。习近平生态文明思想之所以能够创立，主要得益于五个方面。一是主要创立者习近平总书记多年的工作经历、亲身实践和理性思考，是孕育产生这一重要思想的源头活水。二是坚持把马克思主义人与自然关系的思想同中国具体实际相结合，产生了许多符合中国实际和时代要求的原创性理念。三是坚持把马克思主义立场观点方法同中华优秀传统生态文化相结合，推动古代先哲的生态智慧创造性转化、创新性发展。四是从新中国成立以来，党的几代领导人不断探索人与自然的相处之道，逐步积累了一系列对人口、资源、环境与发展关系的规律性认识，在此基础上，结合新时代坚持和发展中国特色社会主义的伟大实践，集大成形成了习近平生态文明思想。五是借鉴全球可持续发展的宝贵经验成果。联合国于 1972 年开启人类环境议程，包括后来上升为全球可持续发展议程，中国从一开始就参与其中。特别是进入 21 世纪和中国特色社会主义进入新时代，我国生态文明建设取得的理论成果、制度成果、实践成果，既借鉴了国际社会关于环境与可持续发展的一切有益成果，又融入中国实际和中华传统生态智慧，超越了国际可持续发展理论和实践框架。

第二，习近平生态文明思想的理论品格。集中体现为“六个

性”。一是科学性和真理性。这一重要思想，是坚持马克思主义基本原理做到“两个结合”的典范，是马克思主义中国化时代化的最新成果。二是人民性和实践性。这一重要思想是源于实践、指导实践，被全国各地实践反复证明了的，为人民造福的创新理论。三是开放性和时代性。这一重要思想是洞察时代大势、勇立时代潮头、开放包容、与时俱进的科学体系，在指导实践中不断得到丰富、深化和拓展，回答了“世界怎么了、我们怎么办”等时代之问。

第三，习近平生态文明思想的重大意义。集中体现为五个方面。一是政治意义。这一重要思想是我们党的创新理论关于正确处理人与自然关系的最新成果，科学指明了生态环境保护和生态文明建设的前进方向、根本遵循。二是理论意义。这一重要思想是21世纪马克思主义、当代中国马克思主义自然观和生态观，也是中华传统生态文化和中国精神的时代精华。三是历史意义。这一重要思想汲取古今中外文明因生态兴衰的历史经验教训，把绿色发展和良好的生态环境，作为支撑中华民族永续发展的绿色底色和生态根基，助推中华民族伟大复兴。四是实践意义。这一重要思想科学指引生态文明建设的谋篇布局更加成熟，引领生态环境保护发生历史性、转折性、全局性变化，中华大地天更蓝、山更绿、水更清。五是世界意义。这一重要思想致力于推动构建人类命运共同体，坚持共谋全球生态文明建设之路，坚持绿色低碳，为共同建设一个清洁美丽的世界提供中国智慧、中国方案、中国力量。

第四，习近平生态文明思想的科学内涵。按照党中央部署，由中央宣传部、生态环境部组织编写的《习近平生态文明思想学习纲要》，明确了这一重要思想的科学内涵，集中体现在“十个坚持”。

一是坚持党对生态文明建设的全面领导，这是根本保证。二是坚持生态兴则文明兴，这是历史依据。三是坚持人与自然和谐共生，这是基本原则。四是坚持绿水青山就是金山银山，这是核心理念。五是坚持良好生态环境是最普惠的民生福祉，这是宗旨要求。六是坚持绿色发展是发展观的深刻革命，这是战略路径。七是坚持统筹山水林田湖草沙系统治理，这是系统观念。八是坚持用最严格的制度、最严密的法治来保护生态环境，这是制度保障。九是坚持把建设美丽中国转化为全体人民的自觉行动，这是社会力量。十是坚持共谋全球生态文明建设之路，这是全球倡议。

习近平生态文明思想是指导生态文明建设的总方针、总依据、总要求，是我们做好工作的定盘星、指南针和金钥匙。完整准确全面贯彻这一重要思想，要在学懂弄通做实上下功夫。一是深刻把握习近平生态文明思想的科学性和真理性、人民性和实践性、开放性和时代性；二是系统掌握贯穿其中的马克思主义立场观点方法；三是准确理解其中蕴含的中国之问、世界之问、人民之问、时代之问；四是深思细悟领会其精神实质、核心要义和实践要求；五是不断提高认识问题、分析问题、解决问题的政治能力、战略眼光和专业水平。

新时代的十年，生态文明建设和生态环境保护之所以取得历史性成就、发生历史性变革，最根本在于有以习近平同志为核心的党中央的坚强领导，有习近平生态文明思想的科学指引。我们要更加深刻领会“两个确立”的决定性意义，进一步增强“四个意识”、坚定“四个自信”、做到“两个维护”。

三、准确理解和把握新时代新征程生态文明建设的新部署新任务新要求

党的二十大报告对新时代新征程生态文明建设作出全面部署，提出了许多新理念新思想新战略新要求。这些部署和要求，不仅主要体现在第十部分“推动绿色发展，促进人与自然和谐共生”，其他各相关部分也有相应的部署和要求。

第一，把握一个重大逻辑，就是要深刻理解目标任务之间的逻辑联系。报告明确提出，我们党的中心任务是全面建成社会主义现代化强国、实现第二个百年奋斗目标。高质量发展是全面建设社会主义现代化国家的首要任务。推动经济社会发展绿色化、低碳化是实现高质量发展的关键环节。报告还强调，尊重自然、顺应自然、保护自然，是全面建设社会主义现代化国家的内在要求。从中心任务到内在要求，再到首要任务和关键环节，环环相扣、紧密相连。绿色低碳发展、高质量发展和中国式现代化，在理论逻辑、任务逻辑、行动逻辑上，更加紧密、更加内生、更加融合。从这个意义上说，党的二十大把生态文明建设和绿色发展摆在前所未有的战略高度。

第二，落实一个战略要求，就是要站在人与自然和谐共生的高度上谋划发展。2021 年 4 月 30 日，习近平总书记在主持十九届中央政治局第二十九次集体学习时强调，要站在人与自然和谐共生的高度谋划经济社会发展。不仅是经济建设、政治建设、文化建设、社会建设，而且包括生态文明建设本身的各方面、各领域、各环节，都要站

在这个高度谋划并做好顶层设计。因为，人与自然和谐共生是我们追求的目标，各方面都要做有利于促进人与自然和谐共生的事情，这是中国式现代化的本质要求之一。

第三，锚定一个奋斗目标，就是要推进美丽中国建设。报告强调，我们要推进美丽中国建设。这也是党的十八大以来一以贯之的目标要求。党的十八大报告把大力推进生态文明建设单列专章进行部署，并提出努力建设美丽中国的目标。党的十九大首次把“美丽”纳入社会主义现代化强国目标，把“生态文明建设”纳入“五位一体”总体布局，把“人与自然和谐共生”纳入新时代坚持和发展中国特色社会主义基本方略。在生态文明建设上，我们就是要推进美丽中国建设，让生产空间更加集约高效、生活空间更加宜居适度、生态空间更加山清水秀。

第四，坚持一个思想方法，就是要更加注重系统观念在生态文明建设中的实践深化和科学运用。系统观念，是一个具有基础性的思想和工作方法。我们在实践中深刻认识到，生态是统一的自然系统，是相互依存、紧密联系的有机链条。生态保护和污染防治密不可分、相互作用，必须统筹推进、协同发力。报告在安排部署推动绿色发展任务方面，对坚持系统观念提出了许多要求。“一体化保护”“系统治理”“统筹”和“协同推进”是一组关键词，更是一套“组合拳”，清晰地勾画出实现美丽中国建设目标的路径策略。在战术路径上，报告还提出，“坚持精准治污、科学治污、依法治污”“加强污染物协同控制”“统筹水资源、水环境、水生态治理”等要求。在实践中，我们要牢牢把握系统观念的思想方法，在协同推进降碳、减污、扩绿、增长等多重目标中，探索寻求最佳平衡点。最重要的是，要做到安全降碳，推动在经济发展中促进绿色低碳转型，在绿色转型中推动经济实现质的有效提升和量的合理增长，从而实现更高质量、更大规模、更有效率、更加公平、更可持续、更为安全的发展。

第五，推进一系列重大任务，就是要抓好四大举措落实落地。报告进一步明确了推动绿色发展、促进人与自然和谐共生，涉及发展方式、污染防治、生态保护和双碳工作四大领域的战略任务。明确把碳达峰碳中和纳入生态文明建设整体布局和经济社会发展全局，进一步做实降碳是生态文明建设的重点战略方向。报告还提出，要健全资源环境要素市场化配置体系。资源环境要素是指碳排放权、排污权、用能权、用水权等。随着绿色发展的深入推进，资源环境要素有望成为重要的生产要素，纳入要素市场化配置改革总盘子，激励更多的市场主体投资到降碳、减污、扩绿等绿色低碳发展领域，推动经济发展的"含金量""含绿量"持续增加，"美丽经济"越来越多，"高碳经济""黑色经济"越来越少。生态环境保护也将由"要我做"的外部压力和公益性倡导，转变为"我要做"的思想自觉和行动自觉，汇聚成更加强大的社会合力，推动生态环境保护真正成为人人参与、人人建设、人人享有的崇高事业。

以习近平生态文明思想为指引 努力建设人与自然和谐共生的现代化*

党的二十大报告全面系统总结了新时代十年生态文明建设取得的重大成就、重大变革，对新征程生态文明建设作出重大战略部署。报告鲜明指出，中国式现代化是人与自然和谐共生的现代化。这是以习近平同志为核心的党中央对中国特色社会主义生态文明建设认识的新突破。我们要深入学习领会，牢牢把握党的二十大关于加强生态文明建设的新部署新任务新要求，牢固树立和践行绿水青山就是金山银山的理念，加快推动绿色发展，促进人与自然和谐共生。

一、人与自然和谐共生是中国式现代化的鲜明特征和本质要求

党的二十大报告指出，在新中国成立特别是改革开放以来的长

---

* 原文刊登于《环境与可持续发展》2023年第2期（《习近平生态文明研究与实践》专刊2023年第1期），作者：习近平生态文明思想研究中心。

期探索和实践基础上，经过十八大以来在理论和实践上的创新突破，我们党成功推进和拓展了中国式现代化。中国式现代化是中国共产党领导的社会主义现代化，有各国现代化的共同特征，更有基于自己国情的中国特色，其中之一就是要建设人与自然和谐共生的现代化。我们的现代化摒弃了西方以资本为中心的现代化、两极分化的现代化、物质主义膨胀的现代化、对外扩张掠夺的现代化老路，打破了“现代化等于西方化”的迷思。在这个过程中，我们党直面中国之问、世界之问、人民之问、时代之问，不断深化对人与自然生命共同体的规律性认识，全面加快生态文明建设，在创造了世所罕见、史所罕见的经济快速发展和社会长期稳定两大奇迹的同时，创造了举世瞩目的生态奇迹和绿色发展奇迹，创造了人类文明新形态，赋予中国式现代化新的特色。

促进人与自然和谐共生，是中国式现代化的本质要求之一。从中华民族永续发展看，生态兴则文明兴，生态衰则文明衰。生态环境是人类生存和发展的根基，以中国式现代化全面推进中华民族伟大复兴，必须始终处理好人与自然的关系，厚植中华民族永续发展的生态根基。从满足人民美好生活需要看，环境就是民生，青山就是美丽，蓝天也是幸福。人民群众对优美生态环境的需要成为我国社会主要矛盾的重要方面，人民群众对优美生态环境的期盼越来越迫切，成为党的宗旨要求之所在，是实现中国式现代化的初衷和使命。从高质量发展看，绿色是普遍形态。我国作为 14 亿多人口的发展中大国，要整体迈入现代化，高消耗、高污染的发展模式是行不通的，资源环境的压力也是不可承受的。促进人与自然和谐共生不仅仅是为了保护自然，更是发展之需、现实之需、未来之需，已经成为中国式现代化的内生动力和内在要求。

习近平总书记在党的二十大报告中指出，尊重自然、顺应自然、保护自然，是全面建设社会主义现代化国家的内在要求。这一重要论断从理论和实践层面阐明了人与自然和谐共生的关系，进一步丰富和拓展了中国式现代化的内涵与外延，为同步推进物质文明建设和生态文明建设、促进人与自然和谐共生的现代化，指明了方向、提供了遵循。必须始终站在人与自然和谐共生的高度来谋划发展，坚持可持续发展，坚持节约优先、保护优先、自然恢复为主的方针，像保护眼睛一样保护自然和生态环境，坚定不移走生产发展、生活富裕、生态良好的文明发展道路，实现中华民族永续发展。

二、深刻认识建设人与自然和谐共生的现代化的根本遵循

新时代十年，我国生态环境保护发生历史性、转折性、全局性变化，生态文明战略地位显著提升，在“五位一体”总体布局中，生态文明建设是其中一位；在新时代坚持和发展中国特色社会主义基本方略中，坚持人与自然和谐共生是其中一条；在新发展理念中，绿色是其中一项；在三大攻坚战中，污染防治是其中一战；在到 21 世纪中叶建成社会主义现代化强国目标中，美丽中国是其中一个。这些成绩的取得，根本在于以习近平同志为核心的党中央坚强领导，根本在于习近平生态文明思想的科学指引。习近平生态文明思想是习近平新时代中国特色社会主义思想的重要组成部分，系统阐释了人与自然、保护与发展、环境与民生、国内与国际等关系，系统回答了为什

么建设生态文明、怎样建设生态文明、建设什么样的生态文明等重大理论和实践问题，构成了主题鲜明、体系完整、逻辑严密、内涵丰富的科学思想体系。

在核心要义方面，习近平生态文明思想集中体现为“十个坚持”，即坚持党对生态文明建设的全面领导，坚持生态兴则文明兴，坚持人与自然和谐共生，坚持绿水青山就是金山银山，坚持良好生态环境是最普惠的民生福祉，坚持绿色发展是发展观的深刻革命，坚持统筹山水林田湖草沙系统治理，坚持用最严格制度、最严密法治保护生态环境，坚持把建设美丽中国转化为全体人民自觉行动，坚持共谋全球生态文明建设之路。这“十个坚持”深刻回答了新时代生态文明建设的根本保证、历史依据、基本原则、核心理念、宗旨要求、战略路径、系统观念、制度保障、社会力量、全球倡议等一系列重大理论与实践问题，标志着我们党对社会主义生态文明建设的规律性认识达到新的高度。

在重大意义方面，习近平生态文明思想是新时代推进美丽中国建设、实现人与自然和谐共生的现代化的强大思想武器，为筑牢中华民族伟大复兴绿色根基、实现中华民族永续发展提供了根本指引。这一重要思想是我们党不懈探索生态文明建设的理论升华和实践结晶，开创了生态文明建设新境界，具有重大政治意义。这一重要思想是推进马克思主义中国化时代化的光辉典范，提出“人与自然和谐共生”“绿水青山就是金山银山”等理念，具有重大理论意义。这一重要思想体现了中华文化和中国精神的时代精华，强调敬畏历史、敬畏文化、敬畏生态，具有重大历史意义。这一重要思想对新形势下生态文明建设的总体思路、重大原则、目标任务、建设路径等作出全面谋划，指引我国生态文明建设发生历史性、转折性、全局性变化，具有重大实践意义。这一重要思想是人类社会实现可持续发展的共同思想财富，倡议共建清洁美丽的世界，具有重大世界意义。

在创新发展方面，习近平生态文明思想是马克思主义基本原理同中国生态文明建设实践相结合、同中华优秀传统生态文化相结合的重大成果。这一重要思想继承和创新了马克思主义自然观、生态观。马克思主义认为，人靠自然界生活，自然不仅给人类提供了生活资料来源，而且给人类提供了生产资料来源。自然物构成人类生存的自然条件，人类在同自然的互动中生产、生活、发展。习近平生态文明思想运用和深化了马克思主义关于人与自然、生产和生态的辩证统一关系的认识，实现了马克思主义关于人与自然关系思想的与时俱进。这一重要思想吸收和发展了中华优秀传统生态文化。中国自古以来就形成了丰富的生态智慧和文化传统。习近平生态文明思想根植于中华优秀传统生态文化，深刻阐释了人与自然和谐共生的内在规律和本质要求，赋予中华优秀传统生态文化崭新的时代内涵，推动中华优秀传统生态文化创造性转化和创新性发展，让古老的思想文化在 21 世纪的当代中国焕发出新的生机活力，体现了中华文化和中国精神的时代精华。

三、牢牢把握习近平生态文明思想蕴含的立场观点方法

党的二十大报告指出，继续推进实践基础上的理论创新，首先要把握好习近平新时代中国特色社会主义思想的世界观和方法论，坚

持好、运用好贯穿其中的立场观点方法。习近平生态文明思想蕴含着丰富的马克思主义立场、观点和方法，是关于生态文明建设的认识论、价值论和方法论，在指导新时代生态文明建设的伟大实践中展现出强大的真理力量。

必须坚持人民至上。习近平总书记强调，让人民生活幸福是“国之大者”。良好生态环境是最普惠的民生福祉，是我国生态文明建设的宗旨要求，彰显了习近平总书记念兹在兹的人民情怀。从“盼温饱”到“盼环保”，从“求生存”到“求生态”，人民群众对清新空气、清澈水质、清洁环境等生态产品的需求越来越迫切。新征程上，我们必须始终坚持以人民为中心，持续改善生态环境质量，不断增强人民群众生态环境改善的获得感、幸福感、安全感。

必须坚持自信自立。百年来，我们党领导中国革命、建设和改革取得举世瞩目的辉煌成就，同时，推动生态环境保护事业从无到有、不断壮大。特别是新时代十年来，我国已成为全球能耗强度下降最快、可再生能源利用规模最大、治理大气污染速度最快、森林资源增长最多的国家，充分展现了习近平生态文明思想的实践伟力。新征程上，我们必须高扬生态文明旗帜，坚定历史自信、增强历史主动，谱写建设人与自然和谐共生的美丽中国新篇章。

必须坚持守正创新。党的十八大以来，习近平总书记站在中华民族永续发展的高度，大力推动生态文明理论创新、实践创新和制度创新，形成了习近平生态文明思想。新时代的十年，我们党持续深化生态环境领域改革，陆续出台中央生态环境保护督察、排污许可、生态保护红线等一系列重大制度安排，生态环境保护水平和能力不断提升。新征程上，我们更要以科学的态度对待科学、以真理的精神追求真理，继续回答好生态文明建设相关重大理论和实践问题。

必须坚持问题导向。新时代的十年，我们党始终把解决生态环境领域民生之患、民心之痛作为出台政策的出发点、落脚点，把化解矛盾、破解难题作为打开新时代生态文明建设局面的突破口。党的二十大报告指出，生态环境保护任务依然艰巨。新征程上，我们必须增强问题意识，聚焦生态文明建设面临的新形势新任务新要求，不断提出解决问题的新理念新思路新办法。

必须坚持系统观念。在领导推进党和国家事业发展改革中，习近平总书记始终坚持系统思维、全局谋划，强调推进生态文明建设，要更加注重综合治理、系统治理、源头治理。生态是统一的自然系统，是相互依存、紧密联系的有机链条。党的二十大报告多次强调“一体化保护”“系统治理”“统筹”“协同推进”这一组关键词，这也是一套系统的“组合拳”。新征程上，我们必须把握好理论与实践相结合、历史与现实相贯通、国际与国内相关联，持续加强系统观念、系统思维在生态文明领域的深化运用。

必须坚持胸怀天下。建设绿色家园是人类的共同梦想。构建人类命运共同体，积极参与全球生态环境治理，是中国共产党的使命与担当。“站在对人类文明负责的高度，共建人与自然生命共同体”，充分展现了习近平总书记作为百年大党和古老大国领袖的天下情怀。新征程上，我们必须持续深化生态环境保护国际交流与合作，共同应对全球环境问题挑战，为建设清洁美丽的世界贡献中国理念、中国方案、中国力量。

四、努力建设人与自然和谐共生的现代化

党的二十大报告紧紧围绕推动绿色发展，促进人与自然和谐共生，提出了重点任务和重大举措。建设人与自然和谐共生的现代化，必须深入学习贯彻习近平生态文明思想，统筹产业结构调整、污染治理、生态保护、应对气候变化，协同推进降碳、减污、扩绿、增长，推进生态优先、节约集约、绿色低碳发展。

牢牢把握核心理念。习近平生态文明思想是新征程上建设人与自然和谐共生的现代化的根本遵循，绿水青山就是金山银山是习近平生态文明思想的核心理念。必须将深入学习宣传贯彻习近平生态文明思想作为长期坚持的重要政治任务，做到学思用贯通、知信行统一，不断增强学习宣传贯彻的政治自觉、思想自觉、行动自觉，勇做习近平生态文明思想的坚定信仰者、忠实践行者、不懈奋斗者。牢固树立和践行绿水青山就是金山银山的理念，科学把握绿水青山和金山银山的辩证统一关系，积极探索推广绿水青山转化为金山银山的路径，实现发展和保护协同共生。

牢牢把握重大逻辑。党的二十大报告提出，从现在起，我们党的中心任务是全面建成社会主义现代化强国。高质量发展是完成这个中心任务的首要任务。经济社会发展绿色化、低碳化是完成首要任务的关键环节。中心任务、首要任务和关键环节，环环相扣、紧密相连，绿色低碳发展、高质量发展和中国式现代化，在理论逻辑、任务逻辑、行动逻辑上，更加紧密、更加内生、更加融合。我们要完整、

准确、全面贯彻新发展理念，改变大量生产、大量消耗、大量排放的粗放型生产模式，推动经济社会发展建立在资源高效利用和绿色低碳循环发展的基础之上。

牢牢把握奋斗目标。党的二十大报告强调，我们要推进美丽中国建设。这也是党的十八以来一以贯之的目标要求。党的十八大报告把大力推进生态文明建设单列专章进行部署，并提出努力建设美丽中国的目标。党的十九大第一次把“美丽”纳入社会主义现代化强国目标，把“生态文明建设”纳入“五位一体”总体布局，把“人与自然和谐共生”纳入新时代坚持和发展中国特色社会主义基本方略。在生态文明建设上，我们就是要推进美丽中国建设，让生产空间更加集约高效、生活空间更加宜居适度、生态空间更加山清水秀。

牢牢把握战略要求。党的二十大报告指出，要站在人与自然和谐共生的高度谋划发展。这是以习近平同志为核心的党中央进一步谋划统筹推进“五位一体”总体布局、协调推进“四个全面”战略布局提出的重大要求和根本遵循。无论是经济建设、政治建设、文化建设、社会建设，还是生态文明建设本身等各方面、各领域、各环节，都要在促进人与自然和谐共生的前提下统筹考虑、一体谋划、综合施策。

牢牢把握战略任务。党的二十大报告提出，加快发展方式绿色转型，深入推进环境污染防治，提升生态系统多样性、稳定性、持续性，积极稳妥推进碳达峰碳中和四大战略任务，明确把碳达峰碳中和纳入生态文明建设整体布局和经济社会发展全局，进一步做实降碳是生态文明建设的重点战略方向。我们要努力促进经济社会发展全面绿色转型，不断提升经济发展的“含金量”“含绿量”，降低“含碳量”，增加“美丽经济”，减少“黑色经济”。

人与自然和谐共生的中国式现代化：历史逻辑、内在特征与战略部署*

党的二十大报告指出，在新中国成立特别是改革开放以来长期探索和实践基础上，经过十八大以来在理论和实践上的创新突破，我们党成功推进和拓展了中国式现代化。中国式现代化，是中国共产党领导的社会主义现代化，既有各国现代化的共同特征，更有基于自己国情的中国特色，其中之一就是要建设人与自然和谐共生的现代化。

坚持人与自然和谐共生是我国在探索中国式现代化道路过程中深刻把握人类文明发展规律、经济社会发展规律和自然规律的重要理论和实践创新，进一步丰富和拓展了中国式现代化的内涵与外延。深刻认识、把握人与自然和谐共生的现代化的历史逻辑、内在特征与战略部署，对全面推进社会主义现代化建设，走生产发展、生活富裕、生态良好的文明发展道路具有重要的理论和现实意义。

---

* 原文刊登于《阅江学刊》2023 年第 4 期，作者：俞海，宁晓巍，姜现。

一、人与自然和谐共生的中国式现代化的历史逻辑

现代化是指 18 世纪工业革命以来人类社会所发生的历史性变化。从广义上看，涉及经济、政治、科技、文化、思维等人类社会生活各方面的深刻社会变革，表征着一种新的文明形式的形成和确立；从狭义上说，现代化是落后国家通过科技和产业革命赶上先进工业国家的发展过程。回顾世界历史，现代化经历了一个从西欧开始逐渐向全球各地扩散、渐次推进，至今仍在广泛开展的过程。现代化既是一种世界现象，也是一种文明进步、一个发展目标，代表着近代以来世界历史的发展趋势和人类文明的追求方向，实现现代化已经成为各国人民的共同追求。

中国式现代化是全球现代化的重要组成部分。新中国成立特别是社会主义制度建立后，我国开启了独立自主推进现代化建设的伟大征程，在长期的探索实践中坚持和发展社会主义，推动物质文明、政治文明、精神文明、社会文明、生态文明协调发展，创造了中国式现代化新道路，创造了人类文明新形态。在努力推进现代化建设的同时，我们党领导人民在正确处理人口与资源、经济发展与环境保护的关系等方面不懈探索，持续加大生态环境保护力度，走出了一条人与自然和谐共生的发展道路。

新中国成立后，我国对现代化的探索从加强工业化入手，逐步确立现代农业、现代工业、现代国防和现代科学技术“四个现代化”的奋斗目标，明确了“先建立一个独立的、比较完整的工业体系，

再全面实现农业、工业、国防、科学技术的现代化”的“两步走”设想，初步形成了符合中国发展特点的社会主义现代化之路。

在这一时期，虽然现代化建设的重点集中在经济方面，但是，以毛泽东同志为主要代表的中国共产党人把做好资源环境工作作为恢复和发展国民经济的重要条件，着力整治水患、加强水土保持、治理环境污染、号召“绿化祖国”等，确立了环境保护的32字工作方针，将环境保护工作提上国家的议事日程。当时，我国已认识到在发展中要借鉴发达国家工业化污染问题的经验教训，周恩来同志曾多次强调治理工业“三废”问题。他指出：“资本主义国家解决不了工业污染的公害，是因为他们的私有制，生产无政府主义和追逐最大利润。我们一定能够解决工业污染，因为我们是社会主义计划经济，是为人民服务的。我们在搞经济建设的同时，就应该抓紧解决这个问题，绝对不做贻害子孙后代的事。”这说明我们党在社会主义革命和建设时期已初步意识到生态环境保护实质上与社会主义现代化建设具有一致性。

党的十一届三中全会以来，中共中央制定了把国家工作重心转移到经济建设上来的重要决策，开创了中国现代化建设的新时期。邓小平同志在1979年提出“中国式的现代化”，并用“小康”来描述这个现代化目标。按照邓小平的战略构想，党的十三大确立了“三步走”发展战略，首次提出“为把我国建设成为富强、民主、文明的社会主义现代化国家而奋斗”的目标。

在这一阶段，我国现代化建设坚持以经济建设为中心，遵循“两手抓，两手都要硬”的工作方针，在大力加强物质文明建设的同时，强调精神文明建设，形成“三位一体”总体布局，环境保护指导思想开始呈现新的特征。1978 年 12 月，中共中央在批转国务院环境保护领导小组《环境保护工作汇报要点》时指出，“消除污染、保护环境，是进行经济建设、实现四个现代化的一个重要组成部分”；1981 年 2 月，《国务院关于在国民经济调整时期加强环境保护工作的决定》进一步明确指出，“管理好我们的环境，合理地开发和利用自然资源，是现代化建设的一项重要任务……必须充分认识到保护环境是全国人民的根本利益所在”。党和国家将环境保护明确为现代化的重要组成部分，将环境保护确立为一项基本国策，拓展了现代化的内涵。

20 世纪 90 年代，改革开放和社会主义现代化建设快速推进。1995 年，我国原定 2000 年国民生产总值比 1980 年翻两番的目标提前完成，“三步走”战略的前两步目标基本实现。在此基础上，党的十五大对“三步走”战略的第三步目标进行了细化和具体化，提出了 21 世纪前五十年的“新三步走”战略安排，并第一次提出“两个一百年”奋斗目标，强调建设“有中国特色社会主义的经济、政治和文化”。2002 年，党的十六大提出全面建设小康社会的目标，并从经济、政治、文化、可持续发展四个角度界定并阐释了具体内容，第一次明确将“社会和谐”纳入全面建设小康社会的奋斗目标，进一步深化了对社会主义现代化建设目标和任务的认识。

这一阶段，我国现代化建设强调以社会全面发展为引领，正确处理经济建设和人口、资源、环境的关系被列为对经济社会发展具有决定性意义的十二个关键问题之一。以江泽民同志为主要代表的中国共产党人进一步认识到我国生态环境问题的紧迫性和重要性，将可持续发展提升为国家发展战略，将生态环境保护纳入国民经济和社会发展计划，强调环境保护工作是实现经济和社会可持续发展的基础，开拓了具有中国特色的生态环境保护道路，“促进人与自然的协调与和谐”成为我国现代化建设的一个努力方向。

随着我国进入全面建设小康社会阶段，社会主义现代化建设的战略思路进一步丰富和完善。2005 年，胡锦涛同志第一次提出经济建设、政治建设、文化建设、社会建设“四位一体”的中国特色社会主义事业的总体布局。在此基础上，2006 年召开的党的十六届六中全会强调要“为把我国建设成为富强民主文明和谐的社会主义现代化国家而奋斗”，在党的文件中首次将现代化战略目标由“三位一体”扩展至“四位一体”。党的十七大在“新三步走”战略基础上，进一步明确了到建党一百年全面建成小康社会和建国一百年基本实现现代化的“两个一百年”战略安排，并从经济、政治、文化、社会和生态文明等方面提出了全面建设小康社会的新要求，这是我们党第一次提出“建设生态文明”的重要命题。

这一阶段，以人为本，全面、协调、可持续发展的科学发展观成为现代化建设遵循的准则，我国现代化建设沿着“统筹城乡发展、统筹区域发展、统筹经济社会发展、统筹人与自然和谐发展、统筹国内发展和对外开放”的整体思路全面推进。以胡锦涛同志为主要代表的中国共产党人高度重视资源和生态环境问题，强调建设以资源环境承载力为基础、以自然规律为准则、以可持续发展为目标的资源节约型、环境友好型社会，着力推动全社会走上生产发展、生活富裕、生态良好的文明发展道路，生态文明建设逐渐成为我国现代化建设的一项主线任务。

党的十八大以来，中国特色社会主义进入新时代，社会主义现代化建设进入新阶段。党的十八大着眼于全面建成小康社会、实现社会主义现代化和中华民族伟大复兴，对推进中国特色社会主义事业作出“五位一体”总体布局的谋划设计。党的十九大明确了在 2020 年全面建成小康社会的基础上分“两步走”实现现代化的部署安排，这把党的十五大“新三步走”战略中第三步的三十年又细化为两个十五年，使我国基本实现现代化目标的时间安排提前了十五年。在全面建成小康社会、实现第一个百年奋斗目标的基础上，党的二十大立足“两步走”战略安排，进一步对 2035 年和 21 世纪中叶的发展目标进行宏观展望，描绘了全面建设社会主义现代化国家的宏伟蓝图。

在成功推进和拓展中国式现代化的同时，以习近平同志为核心的党中央站在战略和全局的高度，以前所未有的力度抓生态文明建设，把“美丽中国”纳入社会主义现代化强国目标，把“生态文明建设”纳入“五位一体”总体布局，把“人与自然和谐共生”纳入新时代坚持和发展中国特色社会主义基本方略，把“绿色”纳入新发展理念，把“污染防治”纳入三大攻坚战，开展了一系列根本性、开创性、长远性工作，走出了一条发展与保护共赢的可持续发展新路。在创造性回答生态环境保护中国之问、世界之问、人民之问、时代之问的过程中，我们党不断深化对人与自然生命共同体的规律性认识，生态文明建设理论和实践成效为中国式现代化提供了有力支撑，使人与自然和谐共生的现代化成为中国式现代化的一个鲜明特色。

从“致力于中国的工业化”到建设“四个现代化”，从走“中国式的现代化”道路到建设“社会主义现代化强国”，我们党在创造世所罕见、史所罕见的经济快速发展和社会长期稳定两大奇迹的同时，创造了令世界瞩目的生态奇迹和绿色发展奇迹，向世界展现了坚持现代化的生态文明价值取向的正确性和必然性。中国式现代化道路的形成发展是一个动态性演化、历时性发展、阶段性超越的过程，促进人与自然和谐共生则是在生态文明领域探索实践的具象化表达，充分展现了中国式现代化蕴含的独特生态观。

二、人与自然和谐共生的中国式现代化的内在特征

人和自然是处于同等重要地位的主体，人不应凌驾于自然之上。人与自然是生命共同体。一方面，人要尊重自然、顺应自然、保护自然；另一方面，自然界要不断满足人对生态环境的依赖和需要，保障人从自然中获取物质资源的权利。人与自然和谐共生的现代化既要展现高水平保护，又要实现人的全面发展和经济社会高质量发展。这是独具中国特色、有别于西方“支配自然、掠夺自然、消耗自然”“先污染后治理”“污染转移”的中国式现代化，其内在特征主要表现为以下六个方面。

（一）中国共产党领导的现代化

中国共产党领导人民成功走出中国式现代化道路，创造了人类文明新形态。作为党百年辉煌历史中的重要篇章，生态文明建设始终是在党的领导下从无到有、不断壮大发展起来的。党的十八大以来，党从思想、法律、体制、组织、作风上全面发力，全方位、全地域、全过程地加强生态环境保护，美丽中国建设迈出重大步伐。党的十七

大修订的党章，明确中国共产党领导人民发展社会主义市场经济，建设资源节约型、环境友好型社会。党的十八大将生态文明建设写入党章，明确中国共产党领导人民建设社会主义生态文明，并作出专门阐述。党的十九大修改通过的党章增加了“增强绿水青山就是金山银山的意识”等内容。

推进人与自然和谐共生的现代化，是一个复杂的系统工程，涉及经济、政治、社会、文化建设等各个方面。只有加强党的全面领导，充分发挥党总揽全局、协调各方的领导核心作用和我国社会主义制度能够集中力量办大事的政治优势，才能最大限度利用改革开放以来积累的坚实物质基础，动员全党全社会各界力量参与生态文明建设、解决生态环境问题，真正做到站在人与自然和谐共生的角度谋划发展。

（二）满足人民更多优美生态环境需要的现代化

马克思主义认为，人是社会实践的主体，既被现实社会所塑造，又在推动社会进步中实现自由全面发展。人的全面发展，是马克思主义“人民至上”根本立场的具象化，不仅体现为公平的政治权利、经济权利等，也体现为丰富的生态权利。进入新时代，我国社会主要矛盾已经转化为人民日益增长的美好生活需要和不平衡不充分的发展之间的矛盾，人民群众对优美生态环境的需要成为这一矛盾的重要方面。尤其是全面建成小康社会后，人民群众对蓝天白云、繁星闪烁、清水绿岸、鱼翔浅底、鸟语花香、田园风光等优美生态环境有了更高要求。

党的二十大明确，到 2035 年基本实现社会主义现代化，其中，生态环境根本好转是总体目标之一，体现了党的意志和人民意愿的统一。生态环境保护既是重大经济问题，也是重大社会和政治问题。如果经济发展了，但生态破坏了、环境恶化了，那样的现代化不是人民希望的。推进人与自然和谐共生的现代化，根本目的是为了人民、造福人民。只有不断提供更多优质生态产品，满足人民更多优美生态环境需要，才能更鲜明地体现中国特色社会主义制度的人民性。

（三）注重同步推进物质文明建设和生态文明建设的现代化

中国式现代化注重同步推进物质文明建设和生态文明建设，是高质量发展的现代化。物质文明建设和生态文明建设的关系集中体现为发展与保护的辩证统一，阐释了保护生态环境就是保护生产力、改善生态环境就是发展生产力的道理，是建设现代化的重大命题。推进人与自然和谐共生的现代化所需的一切物质基础，归根结底是自然界提供的，因此不能单纯强调“发展主义”，“大量消耗、大量排放，不计自然成本和环境代价”的资本主义老路已经给全球带来了巨大的生态环境赤字，我们不能走西方国家现代化的老路。

我们也不能因噎废食，单纯强调“保护主义”，不能“为保护而保护”，更不能受错误的国际舆论所左右，放弃发展机遇。这就要求把人类活动限制在生态环境能够承受的范围内，坚持走绿色低碳发展的道路，从保护自然中寻找发展机遇，解决工业文明带来的矛盾，实现生态环境保护和经济高质量发展双赢。

（四）中华优秀传统生态文化创造性转化和创新性发展的现代化

中华民族向来尊重自然、热爱自然，绵延五千多年的中华文明孕育出丰富的生态文化，蕴含丰富的生态智慧。推进人与自然和谐共生的现代化，坚持以自然之道，养万物之生，强调“人与自然是生命共同体，无止境地向自然索取甚至破坏自然必然会遭到大自然的报复”，“大自然是人类赖以生存发展的基本条件”，体现了“天地与我并生，而万物与我为一”的天人合一的思想，是对中华优秀传统生态文化的继承和创造性转化，赋予其新的时代内涵和现代表达形式，展现了强大的生命力和持久的活力。坚持“绿水青山就是金山银山”“人不负青山，青山定不负人”“保护生态，生态就会回馈你”，丰富拓展了中华优秀传统生态文化的内涵，是对中华优秀传统生态文化的创新性表达和创新性发展。

中国式现代化赋予中华文明以现代力量，中华文明赋予中国式现代化以深厚底蕴。只有把马克思主义基本原理同中国具体实际、中华优秀传统文化相结合，在五千多年中华文明深厚基础上建设人与自然和谐共生的现代化，才能推进可持续发展，实现中华民族永续发展。

（五）全体人民自觉共治共建共享的现代化

马克思主义认为，全部社会生活在本质上是实践的。推进人与自然和谐共生的现代化，加强生态环境保护、开展绿色行动是最基础最广泛的实践。作为实践的主体，每个人都是生态环境的保护者、建设者、受益者，没有哪个人是旁观者、局外人、批评家，谁也不能只说不做、置身事外。经济社会中的每个人不仅是生态环境的被动承受者，也会因自身的生活方式和消费活动而对环境造成各种影响。把建设美丽中国转化为每一个人的自觉行动，是生态文化蕴含的生态道德和行为准则，也是社会建设和社会治理的重要抓手。

党的二十大报告指出，中国式现代化是人口规模巨大的现代化。建设 14 亿多人口的人与自然和谐共生的现代化，首要解决的问题仍是人口基数和资源环境的矛盾，同时要做到“减污、降碳、扩绿、增长”，其艰巨性和复杂性前所未有，绝不是少数人参与就能完成的。

（六）共建清洁美丽世界的现代化

如何改善人与自然的关系，确保拥有可持续的未来，建设清洁美丽的世界，已经成为人类必须回答的时代之问。当前，由于不可持续的消费和生产模式，地球依然面临气候变化、生物多样性丧失等多重生态环境危机，给人类生存和发展带来严峻挑战。国际社会不稳定、不确定性因素增多，治理赤字、信任赤字、和平赤字、发展赤字有增无减，全球环境治理陷入一系列矛盾与困境。

构建人类命运共同体，积极参与全球生态环境治理，是中国共产党的使命与担当。生态环境问题的全球性，要求中国必须积极推进全球可持续发展。推进人与自然和谐共生的现代化，既符合中国实际、具有中国特色，也符合当今世界应对生态危机的形势和趋势，是打破西方资本主义现代化模式的新选择，为广大后发国家跳出破坏性发展的恶性循环，破解发展与保护难题，提供了中国智慧和中国方案。

三、建设人与自然和谐共生的中国式现代化的战略部署

促进人与自然和谐共生是中国式现代化的本质要求之一。党的

二十大报告紧紧围绕“推动绿色发展，促进人与自然和谐共生”，提出加快发展方式绿色转型，深入推进环境污染防治，提升生态系统多样性、稳定性、持续性，积极稳妥推进碳达峰碳中和等一系列重大任务和重大举措。党中央明确把碳达峰碳中和纳入生态文明建设整体布局和经济社会发展全局，把降碳作为生态文明建设的重点战略方向。

（一）坚持一个根本指引

新时代十年，我国的生态环境保护发生了历史性、转折性、全局性变化，根本在于以习近平同志为核心的党中央的坚强领导，根本在于习近平生态文明思想的科学指引。习近平生态文明思想继承和发展了马克思主义关于人与自然关系的思想精华和理论品格，吸收和发展了中华优秀传统生态文化，具有鲜明的科学性和真理性、人民性和实践性、开放性和时代性，在指导新时代生态文明建设中展现出强大生命力。在中国式现代化新道路上，这一重要思想引领创造了生态文明建设事业的丰富实践和理论成果，实现了具有中国特色的生态化和现代化的内在统一，是未来持续建设人与自然和谐共生的现代化的根本遵循。

（二）遵循一个重大逻辑

党的二十大报告提出，从现在起，我们党的中心任务是全面建成社会主义现代化强国。高质量发展是完成这个中心任务的首要任务。经济社会发展绿色化、低碳化是完成首要任务的关键环节。中心任务、首要任务和关键环节，环环相扣、紧密相连，形成了完整的逻辑链条，绿色低碳发展将成为高质量发展和全面建设社会主义现代化国家的关键点、支撑点和发力点。以此为基础，关键是完整、准确、全面贯彻新发展理念，改变大量生产、大量消耗、大量排放的粗放型生产模式，推动经济社会发展建立在资源高效利用和绿色低碳循环发展的基础之上，让绿色成为高质量发展的底色。

（三）锚定一个奋斗目标

党的二十大报告强调，要推进美丽中国建设。这也是党的十八大以来一以贯之的目标要求。党的十八大报告把大力推进生态文明建设单列专章进行部署，提出努力建设美丽中国的目标。党的十九大第一次把“美丽”纳入社会主义现代化强国目标，把“人与自然和谐共生”纳入新时代坚持和发展中国特色社会主义基本方略。在全面建设社会主义现代化国家新征程中，达成到 2035 年美丽中国目标基本实现、到 21 世纪中叶建成富强民主文明和谐美丽的社会主义现代化强国的“两步走”目标，需要持续改善生态环境质量，提供更多优质生态产品，让生产空间更加集约高效，生活空间更加宜居适度，生态空间更加山清水秀。

（四）落实一个战略要求

党的二十大报告指出，要站在人与自然和谐共生的高度谋划发展。这是以习近平同志为核心的党中央进一步谋划统筹推进“五位一体”总体布局、协调推进“四个全面”战略布局提出的重大要求和根本遵循。无论经济建设、政治建设、文化建设、社会建设，还是生态文明建设本身等各方面、各领域、各环节，都要在促进人与自然和谐共生的前提下统筹考虑、一体谋划、综合施策，将生态环境保护真正融入经济社会发展的宏观治理体系之中。不断强化顶层设计，把生态优先、集约节约、绿色低碳的要求融入谋划、推动中国特色社会主义事业的各领域和全过程，走人与自然和谐共生之路。

（五）把握一个路径策略

党的二十大报告强调，坚持山水林田湖草沙一体化保护和系统治理，统筹产业结构调整、污染治理、生态保护、应对气候变化，协同推进降碳、减污、扩绿、增长。其中，“一体化保护”“系统治理”“统筹”和“协同推进”，是体现系统观念的一套“组合拳”，清晰地勾画出实现美丽中国建设目标的路径策略。在战术路径上，党的二十大报告还提出，“坚持精准治污、科学治污、依法治污”“加强污染物协同控制”“统筹水资源、水环境、水生态治理”等。系统观念是基础性的思想和工作方法，目的是在多重目标中探索最佳平衡点，要坚持用系统观念谋划推进人与自然和谐共生的现代化，不断提升经济发展的“含金量”“含绿量”，降低“含碳量”，增加“美丽经济”，减少“黑色经济”，在安全降碳的前提下，促进绿色低碳转型发展，推动经济实现质的有效提升和量的合理增长。

坚持以习近平生态文明思想为指导全面推进美丽中国建设*

2023年7月17日至18日，党中央召开全国生态环境保护大会。这是在新时代我国奋进强国建设、民族复兴新征程的关键时刻召开的一次重要会议，对于我国生态文明建设具有重大里程碑意义。

习近平总书记在大会上发表的重要讲话，高屋建瓴、思想深邃、内涵丰富，是一篇闪耀着马克思主义真理光辉的纲领性文献，充分彰显了以习近平同志为核心的党中央全面推进美丽中国建设、加快推进人与自然和谐共生现代化的战略定力，充分彰显了保持力度、延伸深度、拓展广度，持续改善生态环境质量的鲜明态度，充分彰显了以更高站位、更宽视野、更大力度谱写新时代生态文明建设新篇章的坚定决心，为进一步加强生态环境保护、推进生态文明建设提供了方向指引和根本遵循。

一是进一步拓展了习近平生态文明思想。习近平生态文明思想来源于实践，又指导实践，是站在时代前沿不断与时俱进的开放包容

* 原文刊登于《光明日报》2023年8月1日第4版，作者：俞海。

体系。习近平总书记在大会上的重要讲话，全面总结了新时代我国生态文明建设的“四个重大转变”，深刻阐述了新征程上推进生态文明建设需要处理好的“五个重大关系”，系统部署了全面推进美丽中国建设的战略任务举措，突出强调了加强党对美丽中国建设全面领导的“一个根本要求”。这些科学论断相互联系、逻辑统一，是一个有机整体，充分体现了习近平新时代中国特色社会主义思想的世界观和方法论，以及贯穿其中的立场观点方法，更加深入回答了为什么建设生态文明、建设什么样的生态文明、怎样建设生态文明等重大理论和实践问题，标志着我们党对中国特色社会主义生态文明建设的规律性认识达到了新的高度，为谱写新时代生态文明建设新篇章提供了强大思想武器。

二是进一步擘画了美丽中国建设的路线图和施工图。美丽中国是强国建设、民族复兴的核心内容。党的十八大提出“努力建设美丽中国，实现中华民族永续发展”，党的十九大明确将“美丽”纳入社会主义现代化强国目标，党的二十大在强国建设的“两步走”战略安排中再次强调了美丽中国建设，并作了专章部署。习近平总书记在大会上的重要讲话，为我们明确了美丽中国建设的时间节点、重要地位、建设基础、指导原则、主要任务、阶段目标等一系列行动指南。

三是进一步明晰了我国经济社会绿色化、低碳化的发展方向。促进经济社会发展全面绿色转型是党中央站在“两个大局”的战略高度，在“两个一百年”历史交汇点的关键时期，高瞻远瞩、运筹帷幄，为开启全面建设社会主义现代化国家新征程作出的重大战略判断和决策部署。习近平总书记在大会上强调，要加快推动发展方式绿色低碳转型，坚持把绿色低碳发展作为解决生态环境问题的治本之策，加快形成绿色生产方式和生活方式，厚植高质量发展的绿色底色。绿色低碳发展的要义在于绿色不仅是发展的基础和约束，也是发展的目标和归宿，更是发展的要素投入和动能条件。因此，要牢固树立和践行绿水青山就是金山银山理念，站在人与自然和谐共生的高度谋划发展，通过高水平环境保护，不断塑造发展的新动能、新优势，推动经济社会发展建立在资源高效利用和绿色低碳发展的基础之上，让良好生态环境成为经济社会可持续发展的有力支撑。

四是进一步凸显了党中央持续深入打好污染防治攻坚战的鲜明态度和坚定决心。在以习近平同志为核心的党中央坚强领导下，经过不懈努力和奋斗，新时代我国生态文明建设从理论到实践都发生了历史性、转折性、全局性变化，美丽中国建设迈出重大步伐，新时代生态文明建设的成就举世瞩目，成为新时代党和国家事业取得历史性成就、发生历史性变革的显著标志。同时，习近平总书记在大会上指出，我国生态环境保护结构性、根源性、趋势性压力尚未根本缓解。当前，生态文明建设正如滚石上山，进则胜、不进则退，因此，我们绝不能有松松劲、歇歇脚的麻痹情绪，也决不能因为经济发展遇到一点困难，就开始动铺摊子上项目、以牺牲环境换取经济增长的念头，甚至想方设法突破生态保护红线。生态文明建设一定要保持战略定力，不动摇、不松劲、不开口子。

五是进一步加强了美丽中国建设保障体系的协同增效。美丽中国建设是一个涉及多维度、多层次和多领域的复杂系统工程，需要加强行政、经济、法律、技术等工具的协同。习近平总书记在大会上强调，统筹各领域资源，汇聚各方面力量，打好法治、市场、科技、政策“组合拳”。在法治方面，要始终坚持用最严格制度、最严密法治保护生态环境，保持常态化外部压力，依法治污，不断推进生态环境治理体系和治理能力现代化；在政策方面，强化支持绿色低碳发展的财税、金融、投资、价格政策，真正将生态环境保护内化融入宏观经济治理体系；在市场方面，将碳排放权、用能权、用水权、排污权等作为资源环境要素，推动资源环境要素的市场化配置改革，充分发挥市场在资源配置中的决定性作用；在科技方面，推进绿色低碳科技自立自强，实施生态环境科技创新重大行动，解决美丽中国建设过程中面临的“卡脖子”关键科技瓶颈和制约，建设绿色智慧的数字生态文明。

六是进一步强化了党对生态文明建设的全面领导。坚持党对生态文明建设的全面领导，是我国生态文明建设的根本政治保证。习近平总书记在大会上强调，建设美丽中国是全面建设社会主义现代化国家的重要目标，必须坚持和加强党的全面领导。首先是进一步强化“党政同责”，研究制定地方党政领导干部生态环境保护责任制，建立覆盖全面、权责一致、奖惩分明、环环相扣的责任体系，引导广大党政领导干部树立正确的政绩观；其次是进一步强化“一岗双责”，落实生态文明建设责任清单，形成齐抓共管的强大合力；最后是进一步强化中央生态环境保护督察的落实政治责任作用。中央生态环境保护督察是习近平总书记亲自谋划、亲自部署、亲自推动的生态文明建设重大制度创新，也是生态文明建设的关键制度保障，是落实生态环境保护责任的硬招实招，要进一步推动中央生态环境保护督察工作不断向纵深发展，持续发挥利剑高悬、威慑震慑作用。

全面推进美丽中国建设催人奋进、任重道远。我们要深刻领会习近平总书记重要讲话的精神实质、丰富内涵、实践要求，坚持以习近平生态文明思想为指导，以更加奋发有为的精神状态担负起历史和时代赋予的重任，在强国建设、民族复兴的新征程上奋力谱写生态文明建设新篇章。

奋力谱写新时代生态文明建设新篇章*

2023年是全面贯彻党的二十大精神的开局之年，也是生态环境领域具有里程碑意义的一年。7月17—18日，党中央再次召开全国生态环境保护大会。这是我国在迈上全面建设社会主义现代化国家新征程的关键时刻，召开的一次十分重要的会议，是新时代新征程生态文明建设领域的重要里程碑。

习近平总书记站在实现强国建设、民族复兴宏伟目标的战略高度，全面总结我国生态文明建设取得的举世瞩目的巨大成就，深入分析当前生态文明建设面临的形势，深刻阐述新征程上推进生态文明建设需要处理好的重大关系，系统部署全面推进美丽中国建设的战略任务和重大举措。习近平总书记的重要讲话，立意高远、思想深邃、振奋人心，通篇贯穿着马克思主义科学思想方法和工作方法，是坚持“两个结合”（把马克思主义基本原理同中国具体实际相结合、同中华优秀传统文化相结合）、创新发展习近平生态文明思想的崭新篇章，为新征程上加强生态环境保护、以美丽中国建设全面推进人与

* 原文刊登于《世界环境》2023年第4期，作者：胡军。

自然和谐共生的现代化提供了行动指南和根本遵循。我们必须以更高站位、更宽视野、更大力度来谋划和推进新征程生态环境保护工作，奋力谱写新时代生态文明建设新篇章。

一、"四个重大转变"：新时代党和国家事业取得历史性成就、发生历史性变革的显著标志

党的十八大以来，以习近平同志为核心的党中央，把生态文明建设作为关系中华民族永续发展的根本大计，开展一系列开创性工作，推进一系列变革性实践，实现一系列突破性进展，取得一系列标志性成果，创造了举世瞩目的生态奇迹和绿色发展奇迹。习近平总书记指出，我国生态文明建设实现由重点整治到系统治理的重大转变、由被动应对到主动作为的重大转变、由全球环境治理参与者到引领者的重大转变、由实践探索到科学理论指导的重大转变。这"四个重大转变"，高度凝练总结了新时代生态文明建设举世瞩目的成就，成为新时代党和国家事业取得历史性成就、发生历史性变革的显著标志。

"四个重大转变"是生态文明建设从理论到实践都发生历史性、转折性、全局性变化的集中体现。其中，形成习近平生态文明思想，实现由实践探索到科学理论指导的重大转变，是认识之变、理念之变、思想之变，是最重要、最根本的重大转变。在习近平生态文明思想的科学指引下，我国以年均3%的能源消费增速支撑了年均超过6%的经济增长，绿色成为高质量发展的鲜明底色。全国地级及以上城市细颗粒物（PM2.5）平均浓度历史性下降到29微克/立方米，成

为全球空气质量改善最快的国家。全国地表水优良水体比例达到87.9%，已接近发达国家水平。长江干流连续 3 年全线达到Ⅱ类水质，黄河干流首次全线达到Ⅱ类水质。如期实现固体废物“零进口”目标。人民群众对生态环境的满意度超过 90%。生态环境持续改善，在世界上率先实现荒漠化土地和沙化土地面积“双减少”，森林覆盖率提高到 24.02%，成为全球森林资源增长最多最快和人工造林面积最大的国家。积极参与全球环境治理，推动《巴黎协定》达成、签署、生效和实施，成功举办《生物多样性公约》第十五次缔约方大会，已成为全球生态文明建设的重要参与者、贡献者、引领者。

二、“五个重大关系”：进一步深化了党对生态文明建设规律的认识

实践没有止境，理论创新也没有止境。习近平总书记强调，新征程上，继续推进生态文明建设需要处理好“五个重大关系”，即高质量发展和高水平保护的关系、重点攻坚和协同治理的关系、自然恢复和人工修复的关系、外部约束和内生动力的关系、“双碳”承诺和自主行动的关系。“五个重大关系”蕴含着丰富的马克思主义唯物辩证的思想方法，是生态文明建设过去为什么能够成功、未来怎样才能继续成功的密码，标志着我们党对社会主义生态文明建设的规律性认识达到新的高度和新的境界，必须长期坚持并在实践中不断丰富发展。

“五个重大关系”是一个整体，要全面认识、协同推进，发挥整

体效应。高质量发展与高水平保护是认识论，体现发展与保护的关系，居于统领的地位，发挥着管总的作用；重点攻坚和协同治理、自然恢复和人工修复是方法论，体现着系统观念和系统思维；外部约束和内生动力、“双碳”承诺和自主行动是实践论，体现通过自主行动达到美丽中国建设的目标。这个整体进一步系统科学地回答了为什么建设生态文明、建设什么样的生态文明、怎样建设生态文明等重大理论和实践问题，赋予习近平生态文明思想新的时代内涵。

“五个重大关系”内在辩证统一、相辅相成、相得益彰。高水平保护是高质量发展的必然要求，高质量发展是高水平保护的物质基础；生态文明建设既需要对突出生态环境问题重点攻坚，也需要强化目标协同、多污染物控制协同、部门协同等，推动环境质量全面改善；自然恢复和人工修复是两种互为补充的生态保护手段，符合自然规律，综合运用这两种手段，在实践中努力找到生态保护修复的最佳解决方案；外部约束和内生动力同等重要，体现了依法保护生态环境和发挥人民群众保护生态环境主体作用的治理优势。“双碳”承诺彰显了中国共产党的使命担当，自主行动则是我们坚持自信自立的外在表现，两者缺一不可。只有深刻认识当前我国生态文明建设的复杂形势，把握变与不变的辩证法，识别问题实质和潜在问题，才能切实推进美丽中国建设行稳致远。

三、全面推进美丽中国建设：新征程上加强生态文明建设的重大战略任务

推进美丽中国建设是党的十八大以来一以贯之的目标要求。党

的十八大报告把大力推进生态文明建设单列专章进行部署，并提出努力建设美丽中国的目标。党的十九大第一次把“美丽”纳入社会主义现代化强国目标，把“人与自然和谐共生”纳入新时代坚持和发展中国特色社会主义基本方略。党的二十大强调，我们要推进美丽中国建设。新征程上，加强生态文明建设，就是要推进美丽中国建设，让生产空间更加集约高效、生活空间更加宜居适度、生态空间更加山清水秀。习近平总书记强调，2022—2027 年是美丽中国建设的重要时期。必须深入贯彻习近平生态文明思想，坚持以人民为中心，牢固树立和践行绿水青山就是金山银山的理念，全面推进青山常在、绿水长流、空气常新的美丽中国建设。

把握一个重大思想。习近平生态文明思想是美丽中国建设的根本遵循和行动指南，必须长期坚持、全面贯彻。要紧密结合深入学习贯彻习近平新时代中国特色社会主义思想主题教育，自觉主动学懂弄通做实习近平生态文明思想，准确把握其核心要义、精神实质、丰富内涵、实践要求，切实用以武装头脑、指导实践、推动工作。始终坚持以科学的态度对待科学、以真理的精神追求真理，继续回答好新征程上生态文明建设相关重大理论和实践问题，始终做习近平生态文明思想的坚定信仰者、积极传播者和忠实实践者。

把握一个重大要求。建设美丽中国是全面建设社会主义现代化国家的重要目标，必须坚持和加强党的全面领导。要深刻领悟“两个确立”的决定性意义，不断增强“四个意识”、坚定“四个自信”、做到“两个维护”，牢记“国之大者”，始终保持加强生态文明建设的政治定力和战略定力，把党的领导落实到美丽中国建设的各方面、各环节。坚持正确的政绩观，严格实行党政同责、一岗双责，认真落实生态文明建设部门的责任清单，继续发挥中央生态环境保护督察的利剑作用，确保党中央关于生态文明建设的各项决策部署落地见效。

把握一项重大原则。高质量发展是全面建设社会主义现代化国家的首要任务，经济社会发展绿色化、低碳化是高质量发展的关键环节，必须以高品质生态环境支撑高质量发展。保护生态环境不是单纯地满足自然界的休养生息，而是要从保护自然中寻找发展机遇，解决工业文明带来的矛盾，实现生态环境保护和经济高质量发展双赢。大会强调，通过高水平环境保护，不断塑造发展新动能、新优势。当前，我国经济社会发展已进入加快绿色化、低碳化的高质量发展阶段，要完整、准确、全面贯彻新发展理念，坚定不移地保护绿水青山，努力把绿水青山蕴含的生态产品价值转化为金山银山，加快建立健全以产业生态化和生态产业化为主体的生态经济体系，推动经济社会全面绿色转型，实现发展和保护协同共进。

把握一系列重大任务。大会对之后 5 年建设美丽中国进行了再动员、再部署，是对党的二十大重大部署的深化和实化，必须深刻领会、认真落实。要坚持精准治污、科学治污、依法治污，深入推进蓝天、碧水、净土三大保卫战。加快推动发展方式绿色低碳转型，以减污降碳协同增效为总抓手，加快形成绿色生产方式和生活方式。坚持山水林田湖草沙一体化保护和系统治理，着力提升生态系统多样性、稳定性、持续性。积极稳妥推进碳达峰碳中和，落实好“1+N”政策体系。贯彻总体国家安全观，常态化管控生态环境风险，筑牢生态环境安全防线。打好法治、市场、科技、政策“组合拳”，健全美丽中国建设保障体系。

深刻认识新时代生态文明建设的“四个重大转变”*

2023 年是贯彻落实党的二十大精神开局之年。7 月 17 日至 18 日，全国生态环境保护大会在北京召开，习近平总书记在大会上发表重要讲话，全面总结了党的十八大以来我国生态文明建设取得的举世瞩目的巨大成就，精辟概括了“四个重大转变”：实现由重点整治到系统治理的重大转变，实现由被动应对到主动作为的重大转变，实现由全球环境治理参与者到引领者的重大转变，实现由实践探索到科学理论指导的重大转变。“四个重大转变”充分证明了习近平生态文明思想的真理力量和实践伟力，进一步增强了全党全国人民建设人与自然和谐共生现代化的历史自信和历史主动。

集中体现新时代生态文明建设的历史性、转折性、全局性变化

习近平总书记指出：“生态文明建设从理论到实践都发生了历史

* 原文刊登于《人民日报》2023 年 8 月 15 日第 9 版，作者：习近平生态文明思想研究中心。

性、转折性、全局性变化，美丽中国建设迈出重大步伐。”“四个重大转变”高度凝练新时代生态文明建设取得的举世瞩目的巨大成就，彰显了新时代生态文明建设从理论到实践发生的历史性、转折性、全局性变化。

历史性变化。新时代十年，是生态环境保护认识最深、力度最大、举措最实、推进最快、成效最好的十年。我国重点城市 PM2.5 平均浓度累计下降 57%，降至 2022 年的 29 微克/立方米，重污染天数减少 93%，成为世界上空气质量改善最快的国家。地表水优良水体比例达到 87.9%，长江干流、黄河干流历史性全线达到Ⅱ类水质。十年来，生态环境质量明显好转，改善幅度之大、速度之快、效果之好前所未有。

转折性变化。针对过去多年高增长积累的环境问题，以习近平同志为核心的党中央坚持精准治污、科学治污、依法治污，坚决打好污染防治攻坚战，着力扭转生态环境恶化趋势，为中国式现代化厚植绿色底色和质量成色，为美丽中国建设赢得了战略主动。面对以绿色低碳转型推动高质量发展的迫切需要，我们坚持绿色发展是发展观的深刻革命，以年均 3%的能源消费增速支撑了年均超过 6%的经济增长，碳排放强度累计下降超过 35%，扭转了二氧化碳排放快速增长的态势。十年来，绿水青山就是金山银山理念成为全社会的普遍共识和行动，全党全国人民推进生态文明建设的自觉性主动性显著增强。

全局性变化。进入新时代，以习近平同志为核心的党中央从思想、法律、体制、组织、作风上全面发力，加强党对生态文明建设的全面领导，全方位、全地域、全过程加强生态环境保护，推进一系列变革性实践，实现一系列突破性进展，取得一系列标志性成果，创造了举世瞩目的生态奇迹和绿色发展奇迹。同时，推动《巴黎协定》达成、签署、生效和实施，充分发挥《生物多样性公约》第十五次缔约方大会主席国的政治领导力，经过两个阶段会议，达成《昆明—蒙特利尔全球生物多样性框架》，还与其他国家携手建设绿色“一带一路”，为建设清洁美丽的世界贡献中国智慧、中国方案、中国力量。

深刻认识和把握“四个重大转变”的内在统一性

习近平总书记提出的“四个重大转变”，凸显了历史和现实相贯通、理论和实践相结合、国内和国际相关联的鲜明特征。“四个重大转变”相互关联、相辅相成、相得益彰，构成有机统一的整体。

由重点整治到系统治理的重大转变。这是方式和方法的转变，为其他重大转变提供了策略路径。党的十八大以来，我们党从解决突出生态环境问题入手，注重点面结合、标本兼治，持续深入打好蓝天、碧水、净土保卫战，推动生态环境质量明显改善。坚持统筹山水林田湖草沙一体化保护和系统治理，着力解决头痛医头、脚痛医脚，各管一摊、相互掣肘的问题，在多重目标中寻求发力点、平衡点和增长点，推动生态环境治理水平和效能显著提高。

由被动应对到主动作为的重大转变。这是观念和责任的转变，为其他重大转变提供了方向引领。进入新时代，我们党坚持转变观念、压实责任，不断增强全党全国推进生态文明建设的自觉性主动性，把建设美丽中国转化为全体人民的自觉行动。坚持把绿色发展作为发展观的深刻革命，建立健全生态环境保护“党政同责”和“一岗双责”等制度，推动经济社会发展绿色转型，绿水青山就是金山银山成为全党全社会的共识和行动。

由全球环境治理参与者到引领者的重大转变。这是胸怀和格局的转变，为其他重大转变提供了全球视野。我们紧跟时代、放眼世界，承担大国责任、展现大国担当，站在对人类文明负责的高度，提出共建地球生命共同体等主张，携手世界各国构建公平合理、合作共赢的全球环境治理体系，共同建设清洁美丽的世界，在共谋全球生态文明建设之路中，中国生态文明建设的理念和实践得到国际社会高度认同和赞誉。

由实践探索到科学理论指导的重大转变。这是思想和理论的转变，为其他重大转变提供了根本遵循。党的十八大以来，以习近平同志为核心的党中央深刻把握生态文明建设在新时代中国特色社会主义事业中的重要地位和战略意义，大力推进生态文明理论创新、实践创新、制度创新，提出一系列新理念新思想新战略，形成了习近平生态文明思想。这一重要思想系统回答了建设什么样的生态文明、怎样建设生态文明等重大理论和实践问题，为新时代生态文明建设提供了根本遵循。思想和理论的重大转变居于统摄和管总地位，是认识之变、理念之变，也是指导实现其他重大转变的根本性转变。

深刻领会“四个重大转变”蕴含的科学世界观和方法论

“四个重大转变”是在习近平新时代中国特色社会主义思想特别

是习近平生态文明思想指导下实现的，我们要深刻领会其中蕴含的科学世界观和方法论，不断增强新时代建设生态文明的理论自觉和历史主动。

必须坚持人民至上。这是实现重大转变的牢固基础和坚实依靠。生态环境是关系党的使命宗旨的重大政治问题，也是关系民生的重大社会问题。党的十八大以来，以习近平同志为核心的党中央顺应人民群众对美好生活的期盼，以对人民群众、对子孙后代高度负责的态度和责任着力解决人民群众反映强烈的突出环境问题，不断满足人民群众日益增长的优美生态环境需要，让人民群众最直接最真切感受到生态环境质量改善。经过不懈努力，我国生态环境持续改善、生态系统持续优化、整体功能持续提升，人民群众的生态环境获得感、幸福感、安全感不断增强。

必须坚持自信自立。这是实现重大转变的精神境界和重大原则。在我们这样一个人口规模巨大的国家建设人与自然和谐共生的现代化，没有先例可循，没有现成道路可走。新时代生态文明建设的伟大成就，是以习近平同志为核心的党中央带领全党全国各族人民独立自主创造的。习近平总书记强调："我们承诺的'双碳'目标是确定不移的，但达到这一目标的路径和方式、节奏和力度则应该而且必须由我们自己做主，决不受他人左右。"这鲜明体现了新时代中国共产党人坚持自信自立推进生态文明建设的政治自觉、思想自觉、行动自觉。

必须坚持守正创新。这是实现重大转变的本质特征和根本所在。守正才能不迷失方向、不犯颠覆性错误，创新才能把握时代、引领时代。进入新时代，以习近平同志为核心的党中央深刻把握共产党执政规律、社会主义建设规律、人类社会发展规律，坚持马克思主义基本原理同中国生态文明建设实践相结合、同中华优秀传统生态文化相结合，在几代中国共产党人长期探索的基础上，大力推动生态文明理论创新、实践创新、制度创新，提出一系列具有开创性、长远性、全局性的新理念新思想新战略，进一步深化和拓展了我们党对生态文明建设的规律性认识，开创了生态文明建设新境界。

必须坚持问题导向。这是实现重大转变的内在要求和鲜明品格。新时代十年，我们党始终把解决突出生态环境问题作为出台政策的出发点、落脚点，把化解矛盾、破解难题作为打开新时代生态文明建设局面的突破口，决心之大、力度之大、成效之大前所未有。实践已经并将不断证明，只有不断增强问题意识，聚焦生态文明建设面临的新形势新任务新要求，才能推动新时代生态文明建设不断取得新成效、实现新突破、迈上新台阶。

必须坚持系统观念。这是实现重大转变的基础性思想方法和工作方法。生态环境治理是一项复杂的系统工程，必须不断强化生态文明建设各项工作的系统性、整体性、协同性，注重统筹兼顾、协同推进。党的十八大以来，我们党在建设生态文明中不断提高战略思维、历史思维、辩证思维、系统思维、创新思维、法治思维、底线思维能力，统筹产业结构调整、污染治理、生态保护、应对气候变化，推动实现环境效益、经济效益、社会效益多赢。

必须坚持胸怀天下。这是实现重大转变的大国责任和强大动力。人类只有一个地球，保护生态环境、推动可持续发展是各国的共同责任。在推进人与自然和谐共生的现代化进程中，我们党始终坚持胸怀天下，站在对人类文明负责、为子孙后代负责的高度，同世界各国共走绿色发展之路，共建地球生命共同体，积极构建人与自然和谐共生、经济发展与环境保护协同共进、世界各国共同发展的地球家园，充分彰显了中国共产党的天下情怀和使命担当。

新时代以来，生态文明建设之所以能够实现“四个重大转变”，根本在于以习近平同志为核心的党中央坚强领导，在于习近平新时代中国特色社会主义思想特别是习近平生态文明思想的科学指引。奋进新征程，必须完整准确全面把握习近平生态文明思想的核心要义、精神实质、丰富内涵、实践要求，在深学细悟笃行中加快推进人与自然和谐共生的现代化，奋力谱写新时代生态文明建设新篇章。

深刻理解和把握“五个重大关系”*

在2023年全国生态环境保护大会上，习近平总书记创造性提出了新征程推进生态文明建设需要处理好的“五个重大关系”，为新时代生态文明建设指明了前进方向、提供了根本遵循，进一步深化和拓展了我们党对生态文明建设的规律性认识。

“五个重大关系”即高质量发展和高水平保护的关系、重点攻坚和协同治理的关系、自然恢复和人工修复的关系、外部约束和内生动力的关系、“双碳”承诺和自主行动的关系。这既是实践总结，也是理论概括，蕴含着丰富的科学世界观和方法论，是习近平生态文明思想的创新发展，有着深厚的历史逻辑、理论逻辑、实践逻辑与内在逻辑，必须完整准确全面理解。

新时代生态文明建设经验的继承与发展

重视总结历史经验，是我们党的优良传统和政治优势，也是我们

---

* 原文刊登于《中国环境报》2023年12月12日第3版，该文章为学习贯彻全国生态环境保护大会精神系列报道文章之一，作者：马竞越，张强。

推进中国特色社会主义事业的重要法宝。习近平总书记指出，我们党一步步走过来，很重要的一条就是不断总结经验、提高本领，不断提高应对风险、迎接挑战、化险为夷的能力水平。中国现代化建设之所以伟大，就在于艰难，不能走老路，又要达到发达国家的水平，那就只有走科学发展之路。但在我们这样一个人口规模巨大的国家，建设人与自然和谐共生的现代化，没有先例可循，没有现成道路可走，需要我们在实践中不断总结经验。

马克思主义认为，认识来源于实践，只有经过实践、认识、再实践、再认识的循环往复，才能实现认识的升华。党的十八大以来，以习近平同志为核心的党中央，把生态文明建设摆在全局工作的突出位置，生态文明建设从理论到实践都发生了历史性、转折性、全局性变化，美丽中国建设迈出重大步伐。在全国生态环境保护大会上，习近平总书记用“四个重大转变”，即由重点整治到系统治理、由被动应对到主动作为、由全球环境治理参与者到引领者、由实践探索到科学理论指导的重大转变，全面总结了新时代生态文明建设的巨大成就，对新时代生态文明建设理论创新、实践创新、制度创新成果进行了高度凝练。“四个重大转变”是遵循生态文明建设客观规律所取得的重大成就，蕴藏着新时代生态文明建设的成功密码，也蕴藏着新征程必须继续坚持的成功经验，是“五个重大关系”的历史依据和实践基础。

“四个重大转变”体现了历史和现实相贯通、理论和实践相结合、国内和国际相关联的特征，与“五个重大关系”一脉相承、相互贯通。新时代十年，我们更加注重运用系统观念，点面结合、标本兼治，全方位、全地域、全过程推进生态文明建设；更加注重转变观念、压实责任，强化外部约束，激发生态文明建设自觉性主动性；更加紧跟时代、放眼世界，统筹国内和国际两个大局，在承担大国责任、展现大国担当中推动共建清洁美丽世界；更加注重理论指引，系统形成习近平生态文明思想，提供根本遵循和行动指南。从内容上看，重点攻坚和协同治理、外部约束和内生动力、“双碳”承诺和自主行动以及高质量发展与高水平保护、自然恢复和人工修复，分别是对重点整治到系统治理、被动应对到主动作为、全球环境治理参与者到引领者以及实践探索到科学理论指导的继承和发展。新征程上，我们必须传承好、运用好、发展好新时代十年已经积累的成功经验和规律性认识，推动生态文明建设理论和实践不断向纵深发展。

习近平生态文明思想的创新发展

习近平生态文明思想是新时代我国生态文明建设的根本遵循和行动指南。作为当代中国马克思主义、21 世纪马克思主义在生态文明领域的集中体现，习近平生态文明思想具有开放性和时代性的理论品格，与时俱进是其内在特征，也是其永葆生机和活力的奥秘所在。从“青山绿水是无价之宝”到“绿水青山就是金山银山”，从“六项原则”到“八个坚持”再到“十个坚持”，习近平生态文明思想在与时俱进的实践中不断丰富、不断完善。“五个重大关系”既是习近平生态文明思想指导新时代十年生态文明建设宝贵经验的体现，又以一系列重要原创性内容丰富和发展了这一重要思想。

“五个重大关系”进一步深化和拓展了我们党对生态文明建设的

规律性认识。习近平生态文明思想系统阐释了人与自然、保护与发展、环境与民生、国内与国际等关系，系统回答了为什么建设生态文明、建设什么样的生态文明、怎样建设生态文明等重大理论和实践问题，是科学的世界观和方法论。理论源自实践，实践没有止境，理论创新也没有止境。在全面建设社会主义现代化国家新征程上，习近平总书记强调，“把握好全局和局部、当前和长远、宏观和微观、主要矛盾和次要矛盾、特殊和一般的关系”。“五个重大关系”体现了深刻把握新征程上我国生态文明建设新的特征、新的问题，体现了马克思主义唯物辩证的思想方法，是上述关系在生态文明新征程上的具体体现，是对建设什么样的生态文明、怎样建设生态文明的认识深化，是对生态文明建设顶层设计与具体实践、战略与策略的创新把握，蕴含着深邃的认识论、方法论、实践论，以新的视野、新的认识、新的理念进一步丰富了习近平生态文明思想。

“五个重大关系”进一步完善了习近平生态文明思想的理论体系。正确处理高质量发展和高水平保护的关系，是我国进入绿色化、低碳化高质量发展新阶段保护与发展关系演化发展的必然要求。正确处理重点攻坚和协同治理的关系，是坚持两点论和重点论的有机统一，体现了抓主要矛盾和抓矛盾的主要方面的必然要求。自然恢复和人工修复的关系体现了尊重客观规律和发挥人的主观能动性的辩证统一。外部约束和内生动力的关系体现了外因与内因辩证统一、相互联系、互相转化的关系。“双碳”承诺和自主行动的关系，体现了稳中求进的科学方法论，也是统筹发展和安全、国内和国际关系的必然要求。从性质上看，“五个重大关系”对应着生态文明建设主题主线、理念方法、原则方针、动力条件、战略性质认识的深化。从内容上看，“五个重大关系”对应着绿色发展、污染防治、生态保护、美丽中国安全底线和保障体系、“双碳”及应对气候变化工作。其中，高质量发展和高水平保护这一对关系，居统摄、管总和引领地位，体现全局性、根本性和长期性。“五个重大关系”蕴含着新时代新征程推进生态文明建设、美丽中国建设的深刻辩证法、战略方向、战略路径和科学思想方法，是对“十个坚持”的进一步丰富发展，富有原创性学理哲理，形成了从理论到实践的一个逻辑严密的整体，是习近平生态文明思想新创造、新发展、新成果的集中体现。

新征程生态文明建设的科学指引

回答并指导解决问题是理论的根本任务。习近平总书记指出，用以观察时代、把握时代、引领时代的理论，必须反映时代的声音，绝不能脱离所在时代的实践，必须不断总结实践经验，将其凝结成时代的思想精华。新时代十年我国生态文明建设取得举世瞩目的成就，为新征程提供了坚实的基础。但同时，我国生态文明建设仍处于压力叠加、负重前行的关键期，新征程上生态文明建设还面临许多新情况、新问题。需要我们在继续推进理论创新的基础上，正确认识和处理“五个重大关系”，以更高站位、更宽视野、更大力度谋划和推进新征程生态环境保护工作，实现实践的创新。

“五个重大关系”是实践发展的必然要求。党的二十大提出，中国式现代化是人与自然和谐共生的现代化，尊重自然、顺应自然、保护自然是全面建设社会主义现代化国家的内在要求，必须牢固树立和践行绿水青山就是金山银山的理念，站在人与自然和谐共生的高度谋划发展。这对新征程上生态文明建设提出了更高的要求。从形势来看，我国是在人口规模巨大的情况下，在产业结构和能源结构转型任务依然很重的情况下，在污染物和碳排放总量仍居高位的情况下，在环保历史欠账尚未还清的情况下，在全球环境治理形势更趋复杂化的情况下，建设人与自然和谐共生的现代化。我们需要把握好人与自然这一人类社会发展的永恒主题以及绿色化、低碳化这一时代主题，用发展的眼光、更高的标准处理好保护与发展的关系，同时要更加注重系统观念，更加注重尊重规律，更加注重激发内生动力，更加注重统筹发展与安全，以及国内和国际的关系。

“五个重大关系”是“六项重大任务”的科学指引。党的二十大强调，统筹产业结构调整、污染治理、生态保护、应对气候变化，协同推进降碳、减污、扩绿、增长，这是新征程生态文明建设的总体部署，也是“五个重大关系”所关注的实践指向。习近平总书记在全国生态环境保护大会上部署了六项重大任务，即持续深入打好污染防治攻坚战，加快推动发展方式绿色低碳转型，着力提升生态系统多样性、稳定性、持续性，积极稳妥推进碳达峰碳中和，守牢美丽中国建设安全底线，健全美丽中国建设保障体系，这是对党的二十大部署的进一步深化和落实。从实践角度来看，“五个重大关系”中，高质量发展和高水平保护、重点攻坚和协同治理、自然恢复和人工修复、“双碳”承诺和自主行动分别对应着增长、减污、扩绿、降碳，即绿色低碳转型、污染防治、生态保护、“双碳”及应对气候变化的任务；外部约束和内生动力对应着守牢美丽中国建设安全底线、健全美丽中国建设保障体系，实现了顶层设计和具体实践的统一。

在新征程上，我们要深刻把握“五个重大关系”的丰富内涵及其蕴含的战略方向、战略路径和科学思想方法等实践要求，坚持好、运用好贯穿其中的马克思主义立场、观点、方法，不断开创新征程生态文明建设新局面。

深刻理解和把握全面推进美丽中国建设的三个重大问题*

2023年7月召开的全国生态环境保护大会强调，全面推进美丽中国建设，加快推进人与自然和谐共生的现代化，吹响了全面推进美丽中国建设的时代号角。11月7日，二十届中央全面深化改革委员会第三次会议审议通过了《关于全面推进美丽中国建设的意见》，对全面推进美丽中国建设作出了系统部署。全面推进美丽中国建设意义重大、影响深远，需要我们从思想上、行动上廓清一些重大问题，深刻理解把握其中蕴含的丰富内涵、战略意蕴和实践要求。

为什么要把建设美丽中国摆在强国建设、民族复兴的突出位置

习近平总书记在2023年召开的全国生态环境保护大会上强调：

---

* 原文刊登于《中国环境报》2023年12月19日第3版，该文章为学习贯彻全国生态环境保护大会精神系列报道文章之一，作者：安艺明，张强。

“把建设美丽中国摆在强国建设、民族复兴的突出位置。”这是从历史、全局和战略高度作出的重大判断、重大部署，深刻阐明了新征程上全面推进美丽中国建设的战略地位和重大意义，标定了全面推进美丽中国建设的历史方位，标志着全面推进美丽中国建设在党和国家工作全局中的地位更加突出、作用更加重大。

坚持和发展中国特色社会主义的内在要求。中国特色社会主义是全面发展、全面进步的社会主义。优美的生态环境是中国特色社会主义不可缺少的重要内容，人民群众日益增长的优美生态环境需要已成为我国社会主要矛盾的重要方面。党的十八大将生态文明纳入中国特色社会主义事业“五位一体”总体布局，党的十九大提出建设美丽中国，党的十九届六中全会提出“协同推进国家富强、人民富裕、中国美丽”，党的二十大明确促进人与自然和谐共生是中国式现代化的鲜明特色和本质要求。同时，我国仍处于社会主义初级阶段，建设生态文明没有先例可循。必须从新时代坚持和发展中国特色社会主义全局和战略的高度，坚持人与自然和谐共生的基本方略，全面推进美丽中国建设，以新的实践、新的成就不断谱写新时代中国特色社会主义新篇章。

全面建设社会主义现代化国家的重要目标。建设现代化强国，美丽既是重要目标，也是重要支撑。一方面，中国式现代化是人与自然和谐共生的现代化，生态环境在群众生活幸福指数中的地位日益凸显，优美生态环境成为高品质美好生活的重要内容。另一方面，我国经济社会发展已进入加快绿色化、低碳化的高质量发展阶段，生态环境的支撑作用越来越明显。此外，绿色循环低碳发展，是当今时代科技革命和产业变革的方向，是最有前途的发展领域，也是当前竞争的焦点。必须深刻把握高质量发展是全面建设社会主义现代化国家的首要任务，推动经济社会发展绿色化、低碳化是实现高质量发展的关键环节，适应国内外发展环境新变化，以建设美丽中国推动实现更高质量、更有效率、更加公平、更加持续、更为安全的发展。

全面推进中华民族伟大复兴的必然要求。实现中华民族伟大复兴是中华民族近代以来最伟大的梦想。党的二十大提出，从现在起我们党的中心任务就是团结带领全国各族人民全面建成社会主义现代化强国、实现第二个百年奋斗目标，以中国式现代化全面推进中华民族伟大复兴。一方面，建设美丽中国是实现中华民族伟大复兴的中国梦的重要内容，另一方面，中华民族生生不息要有生态环境的保障。历史和现实告诉我们，我们这样一个大国要实现现代化，走欧美老路去消耗资源、污染环境，是难以为继的，也是行不通的。必须从中华民族永续发展的战略和历史高度，以美丽中国建设全面推进人与自然和谐共生的现代化，为人民群众提供更多优质生态产品，为子孙后代留下绿色银行，走出一条生产发展、生活富裕、生态良好的文明发展道路。

为什么说未来 5 年是美丽中国建设的重要时期

未来 5 年是美丽中国建设的重要时期，这是以习近平同志为核心的党中央，深刻把握世情、国情和生态文明建设新形势作出的重大判断。这一重要判断，有着坚实的理论基础和现实依据，蕴藏着深远的战略考量，标定了未来 5 年美丽中国建设的时代坐标，提供了新征程上美丽中国建设的战略基点。

未来5年是承前启后的重要时期。党的二十大指出，未来5年是全面建设社会主义现代化国家开局起步的关键时期。开局关系全局，起步决定后势，今后5年的发展对于实现第二个百年奋斗目标至关重要。党的二十大提出，未来5年城乡人居环境明显改善，美丽中国建设成效显著；到2035年，广泛形成绿色生产生活方式，碳排放达峰后稳中有降，生态环境根本好转，美丽中国目标基本实现；到21世纪中叶，要建成美丽中国。从成效显著到基本实现再到建成，清晰勾勒了美丽中国建设的路线图。总体上看，距离第二个百年奋斗目标，我们仅剩20余年的时间。生态文明建设具有长期性和艰巨性，既不可能一蹴而就，也不可能一劳永逸。未来5年美丽中国建设目标实现的情况，不仅直接决定着美丽中国总体目标的整体进程，还事关高质量发展全局，影响着第二个百年奋斗目标的大局。

未来5年是爬坡过坎的重要时期。我国生态文明建设仍处于压力叠加、负重前行的关键期。一方面，我国资源压力大、环境容量有限、生态系统脆弱的国情没有改变，污染物和碳排放量仍居高位，环保历史欠账还有许多，同时人民群众的需求和美丽中国建设的要求也越来越高。另一方面，我国还处于工业化、城镇化深入发展阶段，产业结构偏重、能源结构偏煤、运输结构偏公路等问题尚未根本改变，生态环境保护结构性、根源性、趋势性压力尚未根本缓解。“十四五”时期，我国进入以降碳为重点战略方向、推动减污降碳协同增效、促进经济社会发展全面绿色转型、实现生态环境质量改善由量变到质变的关键时期。但生态环境稳中向好的基础还不稳固，生态环境持续改善的难度明显加大，稍有松懈就有可能出现反复，到了进则胜、不进则退的关键时期。

未来 5 年是跨越关口的重要时期。2022 年我国人均国内生产总值达到 85698 元，按年平均汇率折算，为 12741 美元，已经具备了进入环境库兹涅茨曲线倒 U 型曲线阶段的条件，但也进入了跨越中等收入陷阱的关键期。能否抓住绿色变革的机遇，如何更好统筹发展和安全，是摆在当前的重大课题。从全球来看，当前世界处于新的动荡变革期，不稳定、不确定、难预料成为常态，同时世界主要发达国家加快布局绿色科技、绿色产业革命前沿，我国能否守住绿色发展方面的现有优势并进一步扩大，未来 5 年是至关重要的窗口期。从国内看，我国能源资源对外依存度高，同时面临需求收缩、供给冲击、预期减弱的压力和“产业低端转移、高端挤压”的风险，能否在推动绿色转型的同时，实现量的合理增长和质的有效提升，取决于能否抓住未来 5 年动能转换、弯道超车的攻坚期。

全面推进美丽中国建设意味着什么

党的十八大报告提出努力建设美丽中国，十九大首次将“美丽中国”纳入社会主义现代化强国目标，二十大强调推进美丽中国建设，2003 年全国生态环境保护大会提出全面推进美丽中国建设。从努力建设到全面推进，体现了认识的不断深化和部署的不断强化。

全面推进意味着领域的延伸和深度的拓展。我国生态环境保护仍然存在治理能力不够强、改善水平不够高、治理范围不够宽等问题。以水环境为例，虽然大江大河以及主干河流治理成效显著，但是在次级河流和支流等仍有很大差距。又如，城市治理取得显著成效，但是乡村仍然有很大短板。这就要求我们继续在更大的区域、更深的层次、更广的领域奋力攻坚，保持力度、延伸深度、拓展广度，全方位、全地域、全过程推进美丽中国建设。2023 年召开的全国生态环境保护大会部署了持续深入打好污染防治攻坚战、加快推动发展方式绿色低碳转型、着力提升生态系统多样性稳定性持续性、积极稳妥推进碳达峰碳中和、守牢美丽中国建设安全底线、健全美丽中国建设保障体系等 6 项重大任务，涉及降碳、减污、扩绿、增长及其保障等经济社会发展的各方面和全过程，使这一部署更加系统、更加全面。

全面推进意味着要求的提高和标准的提升。建设美丽中国虽然已经迈出重大步伐，但是与人民群众的期待、经济社会发展的需求、生态文明建设的要求等方面仍有很大差距。全面推进美丽中国建设，意味着我们要锚定生态环境根本好转、绿色成为高质量发展的普遍形态、人与自然和谐共生、美丽中国实现等目标，以更高标准、更高要求、更高水平推进美丽中国建设，加快建设人与自然和谐共生的现代化。党的二十大强调，未来 5 年要基本消除重污染天气、基本消除城市黑臭水体。2023 年召开的全国生态环境保护大会强调，打好几个漂亮的标志性战役，加快形成绿色生产方式和生活方式，拓宽绿水青山转化金山银山的路径，构建清洁低碳安全高效的能源体系，切实维护生态安全、核与辐射安全，打好法治、市场、科技、政策“组合拳”等。从系统、全局以及领域、阶段等明确了新征程上美丽中国建设的目标。

全面推进意味着过程的复杂和措施的系统。生态文明建设已经进入深水区，已不仅仅是一个环保领域的具体性工作，而是涉及经济社会发展的综合性工作，越来越需要运用系统观念。党的二十大强调，坚持山水林田湖草沙一体化保护和系统治理，统筹产业结构调整、污染治理、生态保护、应对气候变化，协同推进降碳、减污、扩绿、增长，同时强调加强污染物协同控制、统筹水资源水环境水生态治理等。2023 年全国生态环境保护大会上，习近平总书记用“五个重大关系”为新征程上全面推进美丽中国建设提供了科学指引。我们要把思想、意志、行动统一到党的决策部署上，深入学习贯彻习近平生态文明思想，锚定美丽中国建设目标，加强前瞻性思考、全局性谋划、战略性布局、整体性推进，切实增强工作的系统性、整体性、协同性，通过一项项具体行动推动美丽中国目标一步步变为现实。

以“六个必须坚持”全面推进美丽中国建设*

党的十八大以来，生态文明建设成为党治国理政的重要内容，以习近平同志为核心的党中央直面中国之问、世界之问、人民之问、时代之问，把生态文明建设摆在全局工作的突出位置，作出一系列重大战略部署，厚重书写“绿色答卷”。正如习近平总书记在2023年全国生态环境保护大会上所强调的：“我们把生态文明建设作为关系中华民族永续发展的根本大计，开展了一系列开创性工作，决心之大、力度之大、成效之大前所未有，生态文明建设从理论到实践都发生了历史性、转折性、全局性变化，美丽中国建设迈出重大步伐。”党的二十大在总结实践经验基础上继续推进党的理论创新，第一次用“六个必须坚持”明确概括了习近平新时代中国特色社会主义思想蕴含的世界观、方法论和贯穿其中的立场观点方法，为美丽中国建设提供了强大思想武器。新时代新征程，要深入学习把握“六个必须坚持”的丰富内涵和时代要求，坚持学思用贯通、知信行统一，为全

* 原文刊登于党建网2023年8月17日，作者：张媌姮。

面推进美丽中国建设贡献力量。

坚持人民至上，坚守生态文明建设的人民立场，凝聚美丽中国建设的强大合力。人民对美好生活的向往，就是我们的奋斗目标。中国共产党来自人民、植根人民、造福人民，人民立场是我们党的根本政治立场。随着人民群众生活水平不断提高，人们对干净的水、清新的空气、优美的环境等良好生态的要求也越来越高，我们党积极回应人民群众所想、所盼、所急，提出了坚持以人民为中心的发展思想，大力推进生态文明建设，强调“良好生态环境是最公平的公共产品，是最普惠的民生福祉”，把解决突出生态环境问题作为民生优先领域，坚决打赢蓝天、碧水、净土三大保卫战。经过顽强努力，我国天更蓝、地更绿、水更清，万里河山更加多姿多彩。“蓝天白云、繁星闪烁、清水绿岸、鱼翔浅底”的美好图景正更多地显现在老百姓身边。

新时代新征程，必须坚持人民至上，紧紧围绕提高人民群众在生态环境需求上的获得感和满足感的目标，努力突破制约人民群众追求美好生活的生态环境瓶颈，提供更多优质生态产品，不断满足人民群众日益增长的优美生态环境需要。同时要走好新时代群众路线，接地气、察实情、聚民智，充分发挥人民群众的主动性和创造性，“努力把建设美丽中国化为人民自觉行动”。

坚持自信自立，坚定生态文明建设的信念决心，把握美丽中国建设的历史主动。自信是我们党在长期斗争中形成的精神气质，自立是我们立党立国的重要原则。党的十八大以来，以习近平同志为核心的党中央深刻把握生态文明建设的重要地位和战略意义，形成了习近平生态文明思想，提出了“人与自然和谐共生的中国式现代化”

和“人类命运共同体”等创新理论体系，破解了国际社会公认的“保护与发展”问题，为当代中国和世界文明发展贡献了中国智慧、中国方案。我们党领导人民坚持“绿水青山就是金山银山”理念，走出一条兼顾经济与生态、开发与保护的发展新路径。这些都是中国共产党领导人民独立自主探索和实践出来的，充分体现出中国共产党人“坚持走自己的路”的信念决心。

新时代新征程，必须坚持自信自立，进一步加强习近平生态文明思想宣传贯彻和研究阐释，坚定道路自信、理论自信、制度自信、文化自信，彻底打破“现代化=西方化”的迷思，加强对党领导生态文明建设百年经验、中国特色社会主义生态文明制度、党对生态环境保护工作全面领导等重大问题研究，系统总结和研究党领导人民推进生态文明建设的成功经验，不断推进符合中国实际、具有中国特色、体现发展规律的美丽中国建设。

坚持守正创新，把握生态文明建设的原则方向，激发美丽中国建设的“正能量”。我们从事的是前无古人的伟大事业，守正才能不迷失方向、不犯颠覆性错误，创新才能把握时代、引领时代。党的十八大以来，以习近平同志为核心的党中央将生态文明建设作为“国之大者”，摆在治国理政重要位置，谋划开展一系列具有根本性、长远性、开创性的工作，作出一系列事关全局的重大战略部署，守中华民族永续发展之“正”，创生态环保体制机制之“新”。生态文明写入了宪法和党章，生态文明建设和绿色发展分别成为“五位一体”总体布局和新发展理念的重要组成部分，美丽中国成为社会主义现代化强国目标之一，特别是面对百年未有之大变局，我们党依然“保持加强生态环境保护建设的定力，不动摇、不松劲、不开口子”，展现出生态文明建设的坚定意志和坚强决心。

新时代新征程，必须坚持守正创新，坚持运用马克思主义立场观点方法研究分析问题，坚定不移贯彻精准治污、科学治污、依法治污，面对需求收缩、供给冲击和预期转弱等带来的经济社会发展压力，要保持加强生态环境保护建设的定力，处理好发展与保护的关系。另外，生态环境保护工作还必须紧跟时代步伐，准确把握总体经济形势，创新生态环境保护参与宏观经济治理的方式、手段和途径，加快健全现代环境治理体系，以高品质的生态环境支撑高质量发展，努力建设人与自然和谐共生的美丽中国。

坚持问题导向，抓住生态文明建设的“牛鼻子”，找准美丽中国建设的“着力点”。问题是时代的声音，回答并指导解决问题是理论的根本任务。中国特色社会主义进入新时代，我国社会主要矛盾转化为人民日益增长的美好生活需要和不平衡不充分的发展之间的矛盾，对生态文明建设和生态环境保护提出了新的要求。党的十八大以来，以习近平同志为核心的党中央始终将深入调研、找准问题作为开展工作、出台政策、制定战略的“先手棋”。长期以来，由于环保不下水、不下海，海洋不登陆、水利不上岸等职责分散问题，在“查、测、溯、治”等环节很难见到成效。党中央在 2018 年进行了国务院机构改革，进一步理顺生态文明建设的管理体制，有利于统一实施中央生态环境保护督察，极大推动了我国生态文明建设。

新时代新征程，必须坚持问题导向，把解决实际问题作为打开工作局面的突破口，着力推动解决我国生态环境保护面临的突出矛盾和问题。尤其是要深入细致开展调查研究，要把重点领域、重点行业、重点地区的热点难点、重要典型和影响经济社会高质量发展困难问题等作为调研重点，深入研究影响和制约环保科技“卡脖子”技术问题，制约人民群众享有更多高品质生态产品的瓶颈问题，阻碍生态产品机制实现的难点堵点问题，认真总结经验，提供可供决策、可执行的调研成果，真正达到既解剖微观典型又了解宏观全局，有的放矢、对症下药。

坚持系统观念，掌握生态文明建设科学方法，练就美丽中国建设的“真功夫”。“万事万物是相互联系、相互依存的。”“生态是统一的自然系统，是相互依存、紧密联系的有机链条。人的命脉在田，田的命脉在水，水的命脉在山，山的命脉在土，土的命脉在林和草，这个生命共同体是人类生存发展的物质基础。”习近平总书记的这些重要论述，为推进生态文明建设提供了重要的世界观和方法论。党的十八大以来，我们把生态环境保护融入党和国家事业大局，将系统观念贯穿生态环境保护工作各方面、全过程，从系统工程和全局角度坚持山水林田湖草沙一体化保护和系统治理。全国自然保护地面积占到陆域国土面积的 18%，陆域生态保护红线面积占陆域国土面积的比例超过了 30%，300 多种珍稀濒危野生动植物野外种群数量稳中有升，全球新增绿化面积中约四分之一来自中国，森林覆盖率和森林蓄积量保持“双增长”，为世界贡献了更多的“中国绿”。

新时代新征程，必须坚持系统观念，统筹兼顾、整体施策、多措并举，更加注重综合治理、系统治理、源头治理。不管是坚持“共抓大保护，不搞大开发”推动长江经济带发展，还是“共同抓好大保护，协同推进大治理”推进黄河流域生态保护和高质量发展；不管是服务地方经济的环评审批，还是依法推进的督察执法；不管是深入打好水气土各领域攻坚战，还是推进生态环境保护全民行动，都要把系统观念贯穿到生态环境保护和高质量发展的全过程。要对生态环境保护的基本情况做到胸中有数，通过对各类环境统计数据的分析更好解决问题。要以数据、技术、模型等工具为依托，充分发挥环保科技的作用，为生态环境管理决策提供数据支撑和科学依据。

坚持胸怀天下，敞开生态文明建设宽阔胸襟，让美丽中国建设惠及全人类。中国共产党是为中国人民谋幸福、为中华民族谋复兴的党，也是为人类谋进步、为世界谋大同的党。人类生活在同一个地球村里，生活在历史和现实交汇的同一个时空里，越来越成为你中有我、我中有你的命运共同体。生态系统没有绝对的边界，环境问题也没有绝对的国界。以习近平同志为核心的党中央，基于推动构建人类命运共同体的责任担当和实现可持续发展的内在要求，向国际社会作出了“力争在 2030 年前实现碳达峰、2060 年前实现碳中和”的庄严承诺，充分展现了我们同各国一道建设更加美好世界的坚定决心和使命担当。自觉把保护生态环境、应对气候变化的责任扛在肩上，创造了多个全球第一：人工造林规模全球第一，占全球 1/4；可再生能源开发利用规模全球第一，风电、太阳能装机容量占全球 1/3 以上；新能源汽车产销量全球第一，世界一半的新能源汽车行驶在中国。

新时代新征程，必须坚持胸怀天下，像保护眼睛一样保护自然和生态环境，推动形成人与自然和谐共生新格局。党的二十大报告明确提出中国式现代化的本质要求，并将“促进人与自然和谐共生”纳入其内涵之中，为生态文明建设和生态环境保护工作确定了新的坐标。要着眼于党和国家工作大局，积极探索既基于自身国情，又借鉴各国经验；既传承历史文化，又融合现代文明；既造福中国人民，又促进世界共同发展的康庄大道。积极参与全球治理体系改革和建设，推动构建人类命运共同体，为构建人与自然命运共同体贡献中国智慧和中国方案，让美丽中国建设惠及全人类。

2023 年，习近平总书记在全国生态环境保护大会上强调："我国生态环境保护结构性、根源性、趋势性压力尚未根本缓解。我国经济社会发展已进入加快绿色化、低碳化的高质量发展阶段，生态文明建设仍处于压力叠加、负重前行的关键期。"要进一步用习近平生态文明思想武装头脑、指导实践，准确把握包括"六个必须坚持"在内的习近平新时代中国特色社会主义思想的立场观点方法，以坚持党对生态文明建设的全面领导为根本保证，以坚持生态兴则文明兴为历史依据，以坚持人与自然和谐共生为基本原则，以坚持绿水青山就是金山银山为核心理念，以坚持良好生态环境是最普惠的民生福祉为宗旨要求，以坚持绿色发展是发展观的深刻革命为战略路径，以坚持统筹山水林田湖草沙系统治理为系统观念，以坚持用最严格制度、最严密法治保护生态环境为制度保障，以坚持把建设美丽中国转化为全体人民自觉行动为社会力量，以坚持共谋全球生态文明建设之路为全球倡议，以更高站位、更宽视野、更大力度来谋划和推进新征程生态环境保护工作，全面推进美丽中国建设。

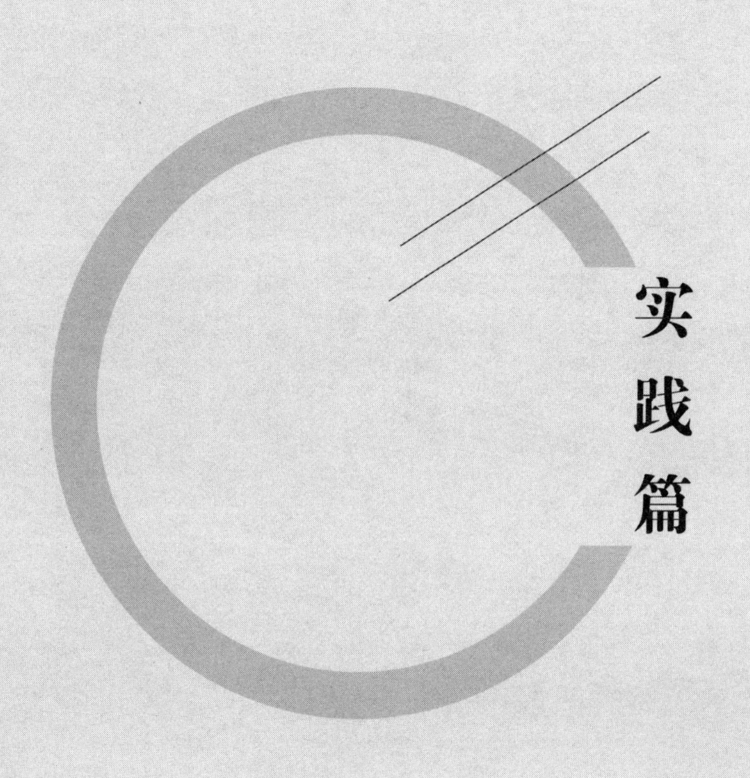

实践篇

深入推进环境污染防治*

党的二十大把深入推进环境污染防治作为推动绿色发展、促进人与自然和谐共生的一项重大任务。这是党中央站在全面建成社会主义现代化强国、实现第二个百年奋斗目标的战略高度，聚焦推进美丽中国建设，不断满足人民日益增长的优美生态环境需要，作出的重大决策部署。我们要深思细悟其重大意义、深刻内涵和实践要求，做深做实做细环境污染防治工作。

准确把握污染防治攻坚向纵深推进

新时代的十年，污染防治攻坚向纵深推进。党的十八大以来，以习近平同志为核心的党中央，以前所未有的力度抓生态文明建设，从思想、法律、体制、组织、作风上全面发力，全方位、全地域、全过程加强生态环境保护，决心之大、力度之大、成效之大前所未有。从

---

* 原文刊登于《秘书工作》2023 年第 3 期，作者：钱勇。

出台大气、水、土壤污染防治行动计划三个“十条”，到全面部署“坚决打好污染防治攻坚战”，再到重点部署“深入打好污染防治攻坚战”，污染防治领域不断拓展、力度不断加大、方式不断创新，推动生态环境保护发生历史性、转折性、全局性变化，美丽中国建设迈出重大步伐，中华大地天更蓝、山更绿、水更清。

推动产业结构调整迈向绿色化、低碳化。充分发挥生态环境保护引领、优化和倒逼作用，推动减污降碳协同增效，大力发展绿色低碳产业。截至 2022 年底，规模以上工业中，高技术制造业增加值比上年增长 7.4%，占规模以上工业增加值的比重为 15.5%。节能环保产业产值年增速 10%以上，战略性新兴服务业企业营业收入比上年增长 4.8%，高技术产业投资比上年增长 18.9%。同时，严控“两高一低”项目盲目发展，截至 2021 年底，压减拟上马的“两高一低”项目 350 多个，减少新增用能需求 2.7 亿吨标准煤。

推动能源结构清洁化、低碳化坚实前行。立足以煤为主的基本国情，持续推进煤炭等化石能源清洁高效集中利用，大力发展非化石能源。新时代的十年，我国以年均 3%的能源消费增速支撑了年均 6%以上的经济增长，能耗强度累计下降 26.4%，相当于少用标准煤约 14 亿吨，少排放二氧化碳近 30 亿吨，是全球能耗强度降低最快的国家之一。截至 2022 年底，我国非化石能源消费比重达 17.5%，煤炭消费占比下降至 56.2%，可再生能源发电装机占比达 47.3%，首次超过煤电。我国水电、风电、太阳能发电、生物质发电装机和新能源汽车产销量均居世界第一。

推动生态环境质量明显改善、持续向好。坚持精准治污、科学治污、依法治污，以解决人民群众反映强烈的突出生态环境问题为重点，拓广度、延深度、加力度，深入打好蓝天、碧水、净土保卫战。截至 2022 年底，全国 PM2.5 平均浓度为 29 微克/立方米，首次下降到 30 微克/立方米以内，达到了世卫组织第一阶段过渡值。空气质量优良天数比率达到 86.5%，成为全球空气质量改善速度最快的国家。重点流域Ⅰ～Ⅲ类优良水体断面比例达到 87.9%，接近发达国家水平。全国土壤污染风险得到有效管控。

推动我国对全球环境治理负责任大国良好形象更加牢靠。积极推动构建人类命运共同体，习近平主席在第七十五届联合国大会一般性辩论上宣布中国二氧化碳排放力争于 2030 年前达到峰值，努力争取 2060 年前实现碳中和。深度参与应对全球环境问题挑战，努力推动构建公平合理、合作共赢的全球环境治理体系，成为全球生态文明建设的重要参与者、贡献者和引领者。新时代的十年，我国贡献了全球新增绿化面积 1/4，生物多样性保护目标执行情况好于全球平均水平，北京空气质量改善被联合国环境署誉为“奇迹”。绿色“一带一路”建设取得积极进展，成功举办《生物多样性公约》第十五次缔约方大会，推动达成“昆明—蒙特利尔全球生物多样性框架”。

在充分肯定我国取得举世瞩目的生态奇迹和绿色发展奇迹的同时，党的二十大报告指出，生态环境保护任务依然艰巨。必须坚持不懈深入推进环境污染防治，持续推动实现生态环境质量改善由量变到质变的拐点早日到来。

深刻领会新时代新征程生态文明建设的新部署新任务新要求

党的二十大报告对新时代新征程生态文明建设作出全面部署，提出了许多新理念新思想新战略新要求，我们要深刻领会，认真贯彻落实。

把握一个重大逻辑，就是要深刻理解目标任务之间的逻辑联系。报告明确提出，我们党的中心任务是团结带领全国各族人民全面建成社会主义现代化强国、实现第二个百年奋斗目标。高质量发展是全面建设社会主义现代化国家的首要任务。推动经济社会发展绿色化、低碳化是实现高质量发展的关键环节。报告强调，尊重自然、顺应自然、保护自然，是全面建设社会主义现代化国家的内在要求。从中心任务到内在要求，再到首要任务和关键环节，环环相扣、紧密相连，绿色低碳发展、高质量发展和中国式现代化，在理论逻辑、任务逻辑、行动逻辑上更加紧密、更加内生、更加融合。

落实一个战略要求，就是要站在人与自然和谐共生的高度谋划发展。这是以习近平同志为核心的党中央，对在新时代新征程上进一步谋划统筹推进“五位一体”总体布局、协调推进“四个全面”战略布局，提出的重大要求和根本遵循。无论是经济建设、政治建设、文化建设、社会建设、生态文明建设等各方面、各领域、各环节，还是全面建设社会主义现代化国家、全面深化改革、全面依法治国、全面从严治党等，都要落实落地这个战略要求，做好顶层设计和战略安排。

锚定一个奋斗目标，就是要推进美丽中国建设。报告强调，我们要推进美丽中国建设。这也是党的十八大以来一以贯之的目标要求。党的十八大报告提出，努力建设美丽中国。党的十九大首次把“美丽”纳入社会主义现代化强国目标，把“生态文明建设”纳入“五位一体”总体布局，把“人与自然和谐共生”纳入新时代坚持和发展中国特色社会主义基本方略。在生态文明建设上，我们要完整、准确、全面贯彻新发展理念，推进美丽中国建设，持续改善生态环境质量，提供更多优质生态产品，让人民群众的生产空间更加宜业、生活空间更加宜居、生态空间更加秀美。

坚持一个思想方法，就是要更加注重系统观念在生态文明建设中的实践深化和科学运用。系统观念是基础性思想和工作方法。报告在安排部署推动绿色发展任务方面，对坚持系统观念提出了许多要求。“一体化保护”“系统治理”“统筹”和“协同推进”是一组关键词，更是一套“组合拳”，清晰地勾画出实现美丽中国建设目标的路径策略。在战术路径上，报告提出，“坚持精准治污、科学治污、依法治污”“加强污染物协同控制”“统筹水资源、水环境、水生态治理”等要求。我们要牢牢把握系统观念的思想方法，在协同推进降碳、减污、扩绿、增长等多重目标中，寻求探索最佳平衡点、发力点和增长点。做到安全降碳，推动在经济发展中促进绿色低碳转型，在绿色转型中推动经济实现质的有效提升和量的合理增长，从而实现更高质量、更有效率、更加公平、更可持续、更为安全的发展。

推进一系列重大任务，就是要抓好四大举措落实落地。报告进一步明确了推动绿色发展、促进人与自然和谐共生，涉及发展方式、污染防治、生态保护和双碳工作四大领域的战略任务。明确把碳达峰碳中和纳入生态文明建设整体布局和经济社会发展全局，进一步做实降碳是生态文明建设的重点战略方向。报告还首次提出，要健全资源环境要素市场化配置体系。把资源环境要素作为新的生产要素，纳入要素市场化配置体系，必将激励更多的市场主体投资到绿色低碳发展领域。推动经济发展的“含金量”“含绿量”持续增加，“美丽经济”越来越多，“含碳量”高的“黑色经济”越来越少。生态环境保护也将由“要我做”的外部压力和公益性倡导，转变为“我要做”的思想自觉和行动自觉，汇聚形成强大的社会合力，推动生态环境保护真正成为人人参与、人人建设、人人享有的崇高事业。

认真落实党的二十大重大决策部署

党的二十大报告指出，未来 5 年是全面建设社会主义现代化国家开局起步的关键时期。在生态文明建设上，要实现城乡人居环境明显改善、美丽中国建设成效显著的目标。我们要深入学习贯彻党的二十大精神，坚持以习近平生态文明思想为指导，加强生态环境分区管控，着力强化“三线一单”对经济社会发展的硬约束，推进生态优先、节约集约、绿色低碳发展。

加强党对生态文明建设的全面领导。党的领导是中国特色社会主义的本质特征和最大制度优势，坚持党的全面领导是坚持和发展中国特色社会主义的必由之路。深入推进环境污染防治，持续打好蓝天、碧水、净土保卫战，促进经济社会发展全面绿色转型，是一场广泛而深刻的经济社会系统性变革。必须始终把党的领导贯穿这场系统性变革的各方面各领域各环节和全过程，充分发挥党总揽全局、协调各方、把舵定向的领导作用，压实生态环境保护的政治责任，确保党中央各项决策部署落地见效。

加快打造生态环境保护铁军。当前生态环境保护和环境污染防治攻坚进入了深水区，剩下的全部是难啃的“硬骨头”。打硬仗、大仗、苦仗，要有敢于斗争、不怕困难、迎难而上的英勇气概，方能积厚成势、矢志功成。这要求我们进一步打造一支政治强、本领高、作风硬、敢担当，特别能吃苦、特别能战斗、特别能奉献的生态环境保护铁军队伍，发扬“不靠雨水靠汗水、不靠刮风靠作风”的顽强精神，攻坚克难、砥砺前行，以高品质生态环境支撑高质量发展。

加大重点任务督查督办力度。一分部署，九分落实。要加强督查督办，压紧抓落实的责任。要把党的二十大各项部署，分解落实到各地区各部门，明确政治责任、标志性成果和完成时限。各部门各单位要对标对表，建立目标任务、时间进度、具象成果、责任主体等一揽子清单化台账，挂图作战，对表推进。要坚持问题导向、目标导向、结果导向相统一，定期评估工作成效，形成经验反馈的闭路循环，反复螺旋式提升党中央决策部署落实效果，推动党的二十大精神在各地区、各部门、各单位落地生根、开花结果。

加快促进经济社会发展全面绿色转型*

党的二十大报告指出，“必须牢固树立和践行绿水青山就是金山银山的理念，站在人与自然和谐共生的高度谋划发展”“加快发展方式绿色转型”“推动形成绿色低碳的生产方式和生活方式”。2023 年 7 月，习近平总书记在全国生态环境保护大会上强调，今后 5 年是美丽中国建设的重要时期，要加快推动发展方式绿色低碳转型，坚持把绿色低碳发展作为解决生态环境问题的治本之策，加快形成绿色生产方式和生活方式，厚植高质量发展的绿色底色。在首个全国生态日之际，习近平总书记又作出重要指示强调，持续推进生产方式和生活方式绿色低碳转型。这是以习近平同志为核心的党中央立足我国开启全面建设社会主义现代化国家新征程，对谋划经济社会发展提出的新部署新任务新要求。必须深入学习贯彻党的二十大精神，坚持以习近平经济思想、习近平生态文明思想为指引，把建设美丽中国摆在强国建设、民族复兴的突出位置，以高品质生态环境支撑高质量发展，加快推进人与自然和谐共生的现代化。

---

* 原文刊登于《习近平经济思想研究》2023 年第 8 期，作者：习近平生态文明思想研究中心、生态环境部环境与经济政策研究中心。

一、充分认识促进经济社会发展全面绿色转型的重大意义

促进经济社会发展全面绿色转型是党中央站在“两个大局”的战略高度，在“两个一百年”历史交汇点的关键时期，高瞻远瞩、运筹帷幄，为开启全面建设社会主义现代化国家新征程作出的重大战略判断和决策部署，具有重要的现实意义，必将产生深远的历史影响。

贯彻落实新发展理念、实现高质量发展的应有之义。党的二十大报告指出：“推动经济社会发展绿色化、低碳化是实现高质量发展的关键环节。”绿色是高质量发展的底色，决定着发展的成色。面对全球新一轮科技革命和产业变革的历史机遇期，加快转变经济发展方式，增强我国的生存力、竞争力、发展力、持续力，是贯彻新发展理念、构建新发展格局、推动高质量发展的必然要求。习近平主席在2019年中国北京世界园艺博览会开幕式上的讲话指出：“杀鸡取卵、竭泽而渔的发展方式走到了尽头，顺应自然、保护生态的绿色发展昭示着未来。”只有坚持以资源节约、环境友好作为约束倒逼经济发展方式转变，推动全面绿色转型，才能促进经济社会发展和生态环境保护协同共进，形成资源高效、排放较少、环境清洁、生态安全的高质量发展格局，助推我国实现更高质量、更有效率、更加公平、更可持续、更为安全的发展。

解决我国资源环境问题、满足人民日益增长的优美生态环境需要的必然选择。习近平总书记在全国生态环境保护大会上指出，“我

国生态环境保护结构性、根源性、趋势性压力尚未根本缓解”“生态文明建设仍处于压力叠加、负重前行的关键期”。我国作为人口超过 14 亿的发展中大国，人口规模巨大和现代化的后发性，决定了实现现代化将面临更强的资源环境约束。面对资源相对不足、环境承载力较弱的基本国情和艰巨繁重的生态环境保护任务，我们不能再沿袭发达国家走过的高耗能高排放的老路，否则资源环境的压力不可承受。生态环境问题归根到底是发展方式和生活方式问题，促进经济社会全面绿色转型是解决我国生态环境问题的治本之策。只有加快形成节约资源和保护环境的空间格局、产业结构、生产方式、生活方式，把经济活动、人的行为限制在自然资源和生态环境能够承受的限度内，才能推动我国生态环境质量持续改善，为人民群众提供更多优质生态产品。

促进人与自然和谐共生的现代化、全面推进美丽中国建设的关键举措。党的二十大报告将人与自然和谐共生作为中国式现代化的中国特色和本质要求之一。2023 年 7 月召开的全国生态环境保护大会强调，要把建设美丽中国摆在强国建设、民族复兴的突出位置。在科学总结规律以及长期探索实践的基础上，我国摒弃了西方以资本为中心、物质主义膨胀、先污染后治理的现代化老路，开辟了人与自然和谐共生的现代化新路。只有坚持尊重自然、顺应自然、保护自然，加快推动形成绿色发展方式和生活方式，走出一条生产发展、生活富裕、生态良好的文明发展道路，才能为经济社会持续健康发展提供良好生态环境支撑，为中国式现代化增添强大绿色发展动能，为全面推进美丽中国建设、实现中华民族永续发展谋取根本保证。

推动构建人类命运共同体、共建清洁美丽世界的重要抉择。

习近平总书记指出，“生态文明建设关乎人类未来，建设绿色家园是人类的共同梦想”。绿色低碳发展一直是全球可持续发展的核心方向与总体趋势，世界各国人民更加深刻认识到实现长期、包容、清洁转型的重要性。2021 年召开的第五届联合国环境大会呼吁要通过以自然为本的方式推动实现可持续发展目标。绿色低碳转型已经成为全球可持续发展的共识与潮流。只有坚决摒弃损害甚至破坏生态环境的发展模式，着力构建绿色低碳循环经济体系，在推动绿色发展中解决生态环境问题，正确处理“双碳”承诺和自主行动的关系，才能为全球可持续发展以及共同建设清洁美丽世界贡献中国智慧、中国方案、中国力量。

二、准确理解促进经济社会发展全面绿色转型的本质要求

经济社会发展全面绿色转型是一场广泛而深刻的经济社会系统性变革，需要准确理解其蕴含的本质要求，着力把握好其中蕴含的方法路径，从转变思想观念、深化理念认识入手，深思细悟党的二十大报告关于推动经济社会发展绿色化、低碳化的战略部署，以更好地指导实践与推动工作。

这是发展的转型。发展是我们党执政兴国的第一要务。党的十九大指出，“我国经济已由高速增长阶段转向高质量发展阶段”。当前我国经济社会发展已进入加快绿色化、低碳化的高质量发展阶段，要实现有质量、有效益的发展，必然要求发展理念、方式、模式等作出相应的转变。经济社会发展全面绿色转型就是在新发展阶段下，贯彻

新发展理念，探索走出一条生态优先、绿色发展的生态文明道路，为经济社会发展不断培育新的增长点。

这是绿色的转型。习近平总书记强调，“绿色发展是构建高质量现代化经济体系的必然要求”。我国的发展决不能以牺牲环境为代价，必须在经济社会发展中解决好人与自然和谐共生问题。绿色不仅是发展的基础和约束，也是发展的目标和归宿，更是发展的要素投入和动能条件。要牢牢把握绿色转型这一核心，树立和践行绿水青山就是金山银山理念，提高经济社会发展绿色含量，让良好生态环境成为经济社会可持续发展的重要支撑。

这是全面的转型。习近平总书记指出，“绿色发展是新发展理念的重要组成部分，与创新发展、协调发展、开放发展、共享发展相辅相成、相互作用，是全方位变革”。经济社会发展全面绿色转型要把握“全面”这一关键，从经济社会发展全局入手，进行生产方式、生活方式、思维方式、价值观念的全方位绿色化改造，真正把生态文明建设融入经济、政治、社会、文化建设等各方面和全过程。在经济领域中，将绿色化全面贯穿于生产、分配、流通和消费等各环节，加快形成绿色生产方式。在社会领域中，大力培育生态文化价值观，加快形成现代绿色生活方式。

这是系统的转型。习近平总书记指出：“绿色低碳转型是系统性工程，必须统筹兼顾、整体推进。”经济社会发展全面绿色转型要更加注重系统观念的实践深化和科学应用，协同推进生态环境高水平保护与经济社会高质量发展，形成生态环境改善和内需扩大、生活品质提高的良性循环。在做好减污降碳和生态环境质量改善工作的同时，综合考虑生态环境保护对推动经济社会高质量发展的作用和影响，统筹产业结构调整、污染治理、生态保护、应对气候变化，真正实现生态环境保护与经济社会发展的辩证统一、相辅相成。

这是改革创新驱动的转型。习近平总书记指出："改革创新是通往长久繁荣的必由之路。"推动经济社会发展全面绿色转型要坚持向改革要动力、向创新要活力。党的十八届三中全会以来，生态文明体制改革的"四梁八柱"基本建立，下一步需要把着力点放到加强系统集成、精准施策上来，加快健全现代环境治理体系，不断强化全面绿色转型体制机制保障。绿色技术创新是绿色发展的重要动力，要坚持问题导向，狠抓绿色低碳技术攻关，推动科技成果转化，使创新成为统筹经济社会发展和绿色转型的有力支撑。

这是需要保持战略定力的转型。习近平总书记指出："绿色低碳发展是经济社会发展全面转型的复杂工程和长期任务。"能源结构、产业结构调整仍存在诸多困难和挑战，不可能一蹴而就，推动形成绿色发展方式和生活方式任务依旧艰巨繁重。各级党委和政府需要充分认识经济社会发展全面绿色转型的长期性、复杂性、艰巨性，时刻保持生态文明建设战略定力，切实担负起生态文明建设的政治责任，明确时间表、路线图，久久为功、驰而不息，确保党中央各项决策部署落地见效。

三、科学判断我国经济社会发展全面绿色转型的成就与挑战

党的十八大以来，全党全国推动绿色发展的自觉性和主动性显

著增强，绿色、循环、低碳发展迈出坚实步伐。我国坚持推动经济社会发展全面绿色转型，在续写世所罕见的经济快速发展奇迹和社会长期稳定奇迹的同时，也创造了举世瞩目的生态奇迹和绿色发展奇迹，使美丽中国建设更加坚实、更加厚重、更加亮丽，成为新时代党和国家事业取得历史性成就、发生历史性变革的显著标志。

产业结构绿色化低碳化进展明显。积极推动产业结构调整，培育壮大新兴产业、改造提升传统产业、淘汰落后产能，全面整治“散乱污”企业及集群，严控“两高一低”项目盲目发展。2022年，规模以上工业中，高技术制造业增加值比上年增长7.4%，占规模以上工业增加值的比重为15.5%，节能环保产业产值年增速10%以上，产业结构不断优化升级。新能源汽车产销量连续8年保持全球第一，风电、光伏发电等清洁能源设备生产规模居世界第一，光伏产业链主要环节产量全球占比超过70%，绿色产业规模持续壮大。

能源结构清洁化、低碳化成效显著。立足以煤为主的基本国情，持续推进煤炭等化石能源清洁高效集中利用，大力发展非化石能源。新时代10年，我国以年均3%的能源消费增速支撑了年均6%的经济增长，能耗强度累计下降26.4%，相当于少用标准煤约14亿吨，少排放二氧化碳近30亿吨，是全球能耗强度降低最快的国家之一。截至2022年底，我国非化石能源消费比重达17.5%，煤炭消费占比下降至56.2%，可再生能源发电装机占比达47.3%，首次超过煤电。我国可再生能源开发利用规模多年稳居世界第一，为能源绿色低碳转型提供了强大支撑。

减污降碳协同增效逐步凸显。以减污降碳协同增效为抓手，推动生态环境质量持续改善。截至2022年底，我国地级及以上城市空气质量优良天数比例达 86.5%，PM2.5 平均浓度连续 3 年都降至世界卫生组织所确定的 35 微克/立方米第一阶段过渡值以下，成为空气质量改善速度最快的国家。全国地表水Ⅰ～Ⅲ类优良断面比例达 87.9%，已经接近发达国家水平，土壤和地下水环境风险得到有效管控。全面禁止“洋垃圾”入境，实现固体废物“零进口”。

绿色低碳生活方式蔚然成风。广泛组织节约型机关、绿色家庭、绿色学校、绿色社区等创建活动。从“光盘行动”、反对餐饮浪费、节水节纸、节电节能，到环保装修、拒绝过度包装、告别一次性用品，“绿色低碳节俭风”吹进千家万户。截至 2022 年底，全国 70% 县级及以上党政机关已建成节约型机关，公共机构人均综合能耗、人均用水量比 2011 年分别下降 24% 和 28%，109 个城市高质量参与绿色出行创建行动，297 个地级及以上城市居民小区垃圾分类平均覆盖率达到 82.5%，简约适度、绿色低碳、文明健康的生活方式成为社会新风尚。

总的来讲，党的十八大以来，我国绿色低碳转型发展取得了历史性巨大成就。同时要清醒认识到，当前我国生态环境保护任务依然艰巨，全面绿色转型的基础仍然薄弱。我国还处于新型工业化、城镇化、农业现代化快速发展阶段，产业结构调整和能源转型发展任务艰巨，以重化工为主的产业结构、以煤为主的能源结构还没有根本改变。特别是面对碳达峰碳中和目标愿景，当前我国距离实现碳达峰目标时间不到 10 年，从碳达峰到实现碳中和目标仅有 30 年左右时间，任务异常艰巨。我国经济长期以来形成的高碳发展惯性仍然很大，发展惯性力的逆转往往需要施加成倍甚至更大的作用力，经济社会发展全面绿色转型任重道远。

四、加快促进经济社会发展全面绿色转型的思路与路径

习近平总书记指出，今后5年是美丽中国建设的重要时期。发挥好发展方式绿色转型的引擎作用，着力推动高质量发展，实现质的有效提升和量的合理增长，是新征程上加强生态文明建设、推动人与自然和谐共生的现代化和建设美丽中国的重大课题。必须全面贯彻落实党的二十大精神和全国生态环境保护大会精神，深刻把握自然规律和经济社会可持续发展一般规律，同步推进物质文明建设和生态文明建设，同步推进高质量发展和高水平保护，协同推进降碳、减污、扩绿、增长，在经济社会发展中促进绿色转型、在绿色转型中实现更大发展。

坚持站在人与自然和谐共生的高度谋划发展这个立足点。习近平总书记强调："中国式现代化必须走人与自然和谐共生的新路。"要牢记生态文明建设是"国之大者"，牢固树立尊重自然、顺应自然、保护自然的意识，牢固树立和践行绿水青山就是金山银山的理念，正确处理好高质量发展和高水平保护的关系，将生态环境保护放到宏观经济治理综合决策和政策制定的重要位置，切实增强统筹推进发展与保护的政治自觉、思想自觉、行动自觉，推动经济社会发展建立在资源高效利用和绿色低碳发展的基础之上，真正将生态文明建设融入经济社会发展全过程，通过高水平环境保护，不断塑造发展的新动能、新优势，有效降低发展的资源环境代价，持续增强发展的潜力和后劲。

坚持以“双碳”工作为引领。习近平总书记强调，实现碳达峰碳中和，是贯彻新发展理念、构建新发展格局、推动高质量发展的内在要求。要切实将碳达峰碳中和纳入生态文明建设整体布局和经济社会发展全局，以降碳引领减污、扩绿、增长，促进能源结构、产业结构、消费结构、区域结构优化升级，做到在发展中降碳、在降碳中实现更高质量发展。坚持全国统筹、节约优先、双轮驱动、内外畅通、防范风险的原则，处理好发展和减排、整体和局部、长远目标和短期目标、政府和市场的关系，积极稳妥推进碳达峰碳中和。坚持先立后破，有计划分步骤实施“碳达峰十大行动”，持续完善绿色低碳发展经济政策，有序推动能耗双控向碳排放双控转变，深入推进能源革命和实施全面节约战略，加快构建清洁低碳安全高效的能源体系，加快重点领域节能降碳改造，加快推动绿色低碳高质量发展。

坚持牵住经济结构优化调整这个“牛鼻子”。习近平总书记指出：“只有从源头上使污染物排放大幅降下来，生态环境质量才能明显好上去。”调结构、优布局、强产业、全链条是从源头上解决污染问题、加快形成绿色发展方式的重点。要充分发挥生态环境保护的引领、优化和倒逼作用，加快推动产业结构、能源结构、交通运输结构、用地结构调整。坚决遏制不符合要求的高耗能、高排放项目盲目发展，培育壮大战略性新兴产业、高技术产业、现代服务业。着力推进生态经济化和经济生态化，把生态优势转化为发展优势。统筹推进区域绿色协调发展，聚焦长江经济带发展、黄河流域生态保护和高质量发展等重大国家战略实施，打造绿色发展高地。

坚持用好减污降碳协同增效这个总抓手。习近平总书记指出：“‘十四五’时期，我国生态文明建设进入了以降碳为重点战略方向、推动减污降碳协同增效、促进经济社会发展全面绿色转型、实现生态环境质量改善由量变到质变的关键时期。”要摒弃“就污染论污染”的思维模式，正确处理好重点攻坚和协同治理的关系，强化目标协同、多污染物控制协同、部门协同、区域协同、政策协同，遵循减污降碳内在规律，强化源头治理、系统治理、综合治理。坚持把绿色低碳发展作为解决生态环境问题的治本之策，紧扣工业、交通运输、城乡建设、农业、生态建设等重点领域，实施结构调整和绿色升级，强化资源能源节约和高效利用，加快形成节约资源和保护环境的空间格局、产业结构、生产方式、生活方式。坚持政策协同和机制创新，推动减污降碳一体谋划、一体部署、一体推进、一体考核。

坚持加强市场机制和多元化经济手段运用。习近平总书记指出，“市场配置资源是最有效率的形式”。要加快健全资源环境要素市场化配置体系，提升资源环境要素优化配置和节约集约安全利用水平。将碳排放权、用能权、用水权、排污权等资源环境要素一体纳入要素市场化配置改革总盘子，支持出让、转让、抵押、入股等市场交易行为，加快建设全国用能权、用水权、排污权交易市场，强化全国碳排放交易市场功能，适时扩大交易增量、丰富交易品种。不断完善和强化支持绿色发展的财税、金融、投资、价格政策体系，建立健全稳定的财政资金投入机制，大力发展绿色金融产品和服务，进一步完善市场化、多元化生态保护补偿机制。加快构建环保信用监管体系，规范环境治理市场，促进环保产业和环境服务业健康发展。

坚持强化科技创新赋能及数字化、绿色化融合。习近平总书记指出：“绿色科技成为科技为社会服务的基本方向，是人类建设美丽地球的重要手段。”要推进绿色低碳科技自立自强，加快节能降碳、减污降碳、新污染物治理等国家基础研究和科技创新重点领域的先进技术研发和推广应用，集中资源、协同攻关突破绿色关键技术，强化生态环境治理、监测、修复等关键核心技术自主研发能力，增强绿色低碳发展的科技支撑和绿色技术创新。要构建美丽中国数字化治理体系，加强数字基础设施绿色化改造升级，大力发展绿色数字融合新技术，推动绿色低碳相关产业向智慧化、数字化转型，增强大数据、人工智能、物联网等技术在生态环境领域的应用，建设绿色智慧的数字生态文明，以数字化赋能生态文明建设，以生态文明建设赋绿数字化。

坚持夯实绿色发展的文化根基与社会支撑。习近平总书记指出，“生态文明是人民群众共同参与共同建设共同享有的事业”。要把推动形成绿色生活方式摆在更加突出的位置，加强生态文明宣传教育，建立健全以生态价值观念为准则的生态文化体系，倡导尊重自然、爱护自然的绿色价值观念，提高全社会生态文明意识，让生态文化成为全社会的共同价值理念，激发起全社会共同呵护生态环境、推进绿色发展的内生动力。广泛开展全民绿色行动，引导绿色低碳消费、绿色出行、垃圾分类等，深入开展节约型机关、绿色学校、绿色社区、绿色商场、绿色建筑等创建行动，推广生态环境志愿服务品牌活动，推动生活方式和消费模式向简约适度、绿色低碳、文明健康的方向转变，推动形成人人、事事、时时、处处崇尚生态文明的良好社会氛围。

加快提升城市生态环境治理水平*

党的二十大报告指出，坚持人民城市人民建，人民城市为人民，提高城市规划、建设、治理水平。这是以习近平同志为核心的党中央对我国城市建设和发展提出的重大要求，是新时代新征程上城市规划、建设和治理的根本遵循和行动指南。生态环境治理是其中的一个重要方面，也是打造宜居、韧性、智慧城市的重要支撑。我们要把保护城市生态环境摆在更加突出的位置，加快提高城市生态环境治理水平，科学合理规划城市的生产空间、生活空间、生态空间，推动建设人与自然和谐共生的美丽城市。

一、坚持以“人民城市人民建，人民城市为人民”的理念为指导

城市是人民的城市。“人民城市人民建，人民城市为人民”的理

* 原文刊登于《城市与环境研究》2023年第1期，作者：钱勇。

念，是“必须坚持人民至上”在城市规划、建设、治理全过程中的集中体现，要始终做到一切依靠人民，一切为了人民。归根结底，就是要把人民的主体地位、发展要求、作用发挥贯穿于城市规划建设和发展治理各个方面，提升人民群众获得感、幸福感、安全感。

党的十八大以来，我国城市建设取得历史性成就、发生历史性变革。从生态环境看，城市人居环境显著改善，2021 年，地级及以上城市黑臭水体基本消除，地级及以上城市空气质量优良天数比例达到 87.5%，全国城市建成区绿地率达到 38.7%，为城市更美好更宜居创造了基础条件。但是，也要看到，我国生态环境质量稳中向好的基础尚不稳固，从量变到质变的拐点还没有到来，城市环境问题还比较突出。有的城市空气环境质量仍处于“气象影响型”阶段，重污染天气时有发生；有的城市噪声污染、光污染加剧，困扰居民正常生活；有的城市垃圾分类工作进展缓慢，绿色生活方式尚未形成。解决这些问题，必须紧密结合我国城镇化进程和城市建设实际，更好地推进以人为核心的城镇化，按照新型城镇化空间格局，区分大中小城市生态环境承载力，有针对性地开展生态环境治理，把城市建设成为人与人、人与自然和谐共生的美好家园。

（一）城市群、都市圈要突出协同治理

党的二十大报告指出，以城市群、都市圈为依托构建大中小城市协调发展格局。生态网络共建和环境联防联治是城市群、都市圈协同发展的重要内容。要强化生态环境共保联治，联合开展大气污染综合防治，推动跨界水体环境治理，加强固废危废污染联防联治，提升区域污染防治的科学化、精细化、一体化水平。联合实施生态系统保护

和修复工程，建立完善横向生态保护补偿机制，实现超大城市群生态环境的整体保护、系统修复和综合治理。

（二）超大特大城市要突出转变发展方式

党的二十大报告强调，加快转变超大特大城市发展方式。绿色低碳转型是题中应有之义，对于建设人与自然和谐共生的现代化，具有极强的示范引领作用。超大特大城市布局了全国主要要素市场、国家战略科技力量、综合交通枢纽，但也存在人口过度集中、空气污染等“大城市病”。必须加快发展方式绿色转型，科学确定城市规模和开发强度，锚定碳达峰碳中和目标，推动能源清洁低碳安全高效利用，促进工业、建筑、交通等领域清洁低碳转型，推动形成绿色低碳的生产方式和生活方式。

（三）大中城市要突出生态宜居功能

城市让生活更美好，生态宜居是前提。大中城市是现代化的重要载体，也是人口最密集、污染排放最集中的地方。大中城市是我国城市发展链条的关键环节，需要充分发挥承接符合自身功能定位、发展方向的超大特大城市产业转移和功能疏解的作用，必须积极拓展绿色空间，完善与之相匹配的生态功能，保障大中城市生活品质。大中城市建设发展要体现尊重自然、顺应自然、保护自然的理念，以自然为美，大力开展生态修复，把好山好水好风光融入城市，让城市再现绿水青山。

（四）中小县城要突出建设和美家园

县城是我国城镇体系的重要组成部分，是城乡融合发展的关键支撑。党的二十大报告提出，推进以县城为重要载体的城镇化建设。改革开放以来，在快速城镇化进程中，县域经济发展取得较大提升，但在生态环境治理方面仍有明显的短板弱项。要以提升县城人居环境为重点，推进环境基础设施提级扩能，建设垃圾、污水收集处理设施，加强低碳化改造，打造蓝绿公共空间。统筹县乡村功能衔接互补，推进城乡人居环境整治，建设宜居宜业和美乡村。

二、提升城市生态环境治理水平的重要着力点

党的二十大对提高城市规划、建设、治理水平作出部署，也为我们提升城市生态环境治理水平指明了方向。要处理好城市生产生活和生态环境保护的关系，聚焦推动高质量发展、创造高品质生活、实现高效能治理，突出重点、突破难点，统筹谋划、系统推进，打造宜居、韧性、智慧城市。

（一）推动高质量发展

党的二十大报告指出，高质量发展是全面建设社会主义现代化国家的首要任务。推动经济社会发展绿色化、低碳化是实现高质量发展的关键环节。我国已转向高质量发展阶段，生态环境支撑保障作用日趋明显。城市发展不能只考虑规模经济效益，必须把生态放在更加突出的位置，统筹城市布局的经济需要、生活需要、生态需要，按照促进人与自然和谐共生的要求，从“有没有”转向发展“好不好”、质量“高不高”。要以资源环境承载力为硬约束，科学划定城市开发

边界和生态保护红线，以高水平保护促进高质量发展，推动经济实现质的有效提升和量的合理增长。

（二）促进经济社会发展全面绿色转型

绿色决定发展的成色。习近平总书记指出：“杀鸡取卵、竭泽而渔的发展方式走到了尽头，顺应自然、保护生态的绿色发展昭示着未来。”城市是经济社会发展的中心，理应成为引领经济社会发展全面绿色转型的排头兵。要加快发展方式绿色转型，加快推动产业结构、能源结构、交通运输结构等调整优化，推进产业园区循环化改造，开展绿色生活创建行动，引领全社会形成绿色低碳的生产方式和生活方式，提升经济发展的“含金量”“含绿量”，降低“含碳量”。

（三）优化城市空间格局

国土是生态文明建设的空间载体。要按照人口资源环境相均衡、经济社会生态效益相统一的原则，整体谋划城市国土空间开发，统筹人口分布、经济布局、国土利用、生态环境保护，科学布局生产空间、生活空间、生态空间。扩大森林、湖泊、湿地等绿色生态空间比重，增强水源涵养能力和环境容量，节约集约利用土地、水、能源等资源，实现生产空间集约高效、生活空间宜居适度、生态空间山清水秀，让城市生活更方便、更舒心、更美好。

（四）保护城市生物多样性

城市生物多样性是衡量城市的生态安全和生态平衡的重要指标。要统筹山水林田湖草沙等要素，兼顾自然生态系统和人工生态系统，大力开展市域生物多样性监测，保护生物栖息地，建设人与自然和谐共生的城市生态系统。同时，生态保护和污染防治密不可分、相互作用，污染防治好比是分子，生态保护好比是分母，要对分子做好减法，降低污染物排放量，深入推进环境污染防治；对分母做好加法，扩大环境容量，提高城市生态系统服务功能和自我维持能力。

（五）尊重城市自然生态系统的原真性和完整性

党的二十大报告强调，必须牢固树立和践行绿水青山就是金山银山的理念，站在人与自然和谐共生的高度谋划发展。实践中，生态文明建设领域也存在突出的形式主义、官僚主义问题。比如，一些城市提出生态城市口号，但思路却是大树进城、开山造地、人造景观、填湖填海等；个别地方甚至搞破坏性“建设”，不顾实际情况大规模迁移砍伐城市树木。这不是在建设生态文明，而是在破坏自然生态。加强城市生态环境治理，要敬畏历史、敬畏文化、敬畏生态，依托现有山水脉络、人文底蕴、特色产业等，让城市融入大自然，让居民望得见山、看得见水、记得住乡愁。

三、准确把握提升城市生态环境治理水平和能力的基本要求

加快提升城市生态环境治理水平和能力，必须认真学习贯彻党的二十大精神，全面贯彻习近平新时代中国特色社会主义思想，牢牢把握战略路径和策略方法，走内涵式、集约型、绿色化的高质量发展路子，努力创造宜业、宜居、宜乐、宜游的城市生态环境。

（一）坚持党的全面领导

坚持党的全面领导是坚持和发展中国特色社会主义的必由之路。我们要深入学习贯彻习近平生态文明思想，坚持“人民城市人民建、人民城市为人民”的理念，深刻领悟“两个确立”的决定性意义，不断增强“四个意识”、坚定“四个自信”、做到“两个维护”，牢记“国之大者”，把党的领导落实到城市生态环境治理各环节，始终保持加强生态文明建设的政治定力和战略定力。

（二）坚持人民至上

马克思主义的人民立场是中国共产党的根本政治立场。发展经济是为了民生，保护生态环境同样是为了民生。城市是人集中生活的地方，城市建设必须把让人民宜居安居放在首位，把最好的资源留给人民。我们要始终坚持以人民为中心的发展思想，深入推进环境污染防治，持续改善生态环境质量，让城市居民在绿水青山中共享自然之美、生命之美、生活之美。

（三）坚持完整准确全面贯彻新发展理念

新发展理念是一个整体，在贯彻落实中要完整把握、准确理解、全面落实，把新发展理念贯彻到经济社会发展全过程、各方面、各领域和各环节。绿色是永续发展的必要条件和人民对美好生活追求的重要体现，绿色发展注重的是解决人与自然和谐共生问题。要加快构建新发展格局，着力推动高质量发展，站在人与自然和谐共生的高度谋划发展，按照生态优先、节约集约、绿色低碳发展的要求，做好城市规划、建设、治理的顶层设计和战略安排。

（四）坚持精准治污、科学治污、依法治污

精准、科学、依法治污，是深入推进城市环境污染防治的重要工作方针。其中，精准就是要做到问题、时间、区域、对象、措施“五个精准”；科学就是要遵循客观规律，强化对环境问题成因机理及时空和内在演变规律的研究，切实提高工作的科学性、系统性和有效性；依法就是要坚持依法行政、依法推进、依法保护，以法律的武器治理环境污染，用法治的力量保护生态环境。同时，精准、科学、依法对统筹生态与安全、加快构建现代环境治理体系等，同样具有重要指导意义。

（五）坚持系统观念

系统观念是具有基础性的思想和工作方法。生态是统一的自然系统，是相互依存、紧密联系的有机链条，生态文明建设是一个系统工程。我们要更加注重系统观念的科学运用和实践深化，坚持综合治理、系统治理、源头治理。城市生态环境治理是一项系统工程，需要统筹兼顾经济、生活、生态、安全等各个方面，必须坚持系统思维，在协同推进降碳、减污、扩绿、增长等多重目标中，探索寻求最佳平衡点，推动各级各类城市在绿色转型中，实现更高质量、更有效率、更加公平、更可持续、更为安全的发展。

持续巩固“四个重大转变”开创美丽中国建设新局面[*]

在2023年召开的全国生态环境保护大会上，习近平总书记全面总结和精辟概括了新时代我国生态文明建设的“四个重大转变”，即实现由重点整治到系统治理的重大转变，实现由被动应对到主动作为的重大转变，实现由全球环境治理参与者到引领者的重大转变，实现由实践探索到科学理论指导的重大转变。

“四个重大转变”是新时代生态文明理论创新、制度创新、实践创新的高度凝练，蕴含着丰富的科学世界观和方法论，为我们在新时代新征程上建设美丽中国提供了重要指引。未来一段时期，面对大会提出的全面推进美丽中国建设的重大任务重大要求，我们必须持续巩固“四个重大转变”，以习近平生态文明思想为指导，坚持系统治理，主动担当作为，生动谱写新时代生态文明建设新篇章。

---

* 原文刊登于《中国环境报》2023年9月14日第3版，该文章为学习贯彻全国生态环境保护大会精神系列报道文章之一，作者：王璇，朱丽瑛，郭红燕。

持续巩固系统治理，推动经济社会全面绿色转型

系统观念是具有基础性的思想和工作方法。习近平总书记指出：“必须从系统观念出发加以谋划和解决，全面协调推动各领域工作和社会主义现代化建设。”生态环境治理是一项复杂的系统工程，必须不断强化生态文明建设各项工作的系统性整体性协同性，注重统筹兼顾、协同推进。

一是统筹推进高质量发展与高水平保护。要坚持系统观念，站在人与自然和谐共生的高度来谋划经济社会发展，坚持在发展中保护、在保护中发展，平衡好高质量发展和高水平保护的辩证统一关系，使创新、协调、绿色、开放、共享发展协同发力、形成合力。要全方位全过程推行绿色规划、绿色设计、绿色投资、绿色建设、绿色生产、绿色流通、绿色生活、绿色消费，使发展建立在高效利用资源、严格保护生态环境的基础上，不断塑造发展新动能、新优势，实现环境效益、经济效益、社会效益多赢。

二是协同推进降碳、减污、扩绿、增长。统筹推进产业结构调整、污染治理、生态保护、应对气候变化，把“双碳”工作纳入生态文明建设整体布局和经济社会发展全局，构建降碳、减污、扩绿、增长系统推进的制度安排和统筹协调机制，做到一体谋划、一体部署、一体推进、一体考核。统筹水、气、土、固废等环境要素治理和温室气体减排要求，强化多污染物与温室气体协同控制。坚持多措并举、综合施策，综合运用行政、市场、法治、科技、社会等多种手

段，系统推进生态环境保护工作。在协同推进降碳、减污、扩绿、增长等多重目标中，寻求探索最佳平衡点。

三是开展山水林田湖草沙一体化保护和系统治理。要从生态系统整体性和流域系统性出发，坚持追根溯源、系统施策、靶向治疗，要注重综合治理、系统治理、源头治理，强化山水林田湖草等各种生态要素的协同治理，重点区域的协同治理，以及流域上中下游、江河湖库、左右岸、干支流的协同治理。要推进实施重要生态系统保护和修复重大工程，加强生态保护修复效果评估，建立健全自然保护地体系。

持续巩固主动作为，增强美丽中国建设的自觉性主动性

党的十九大报告提出，要构建政府为主导、企业为主体、社会组织和公众共同参与的环境治理体系。当前，我国生态文明建设正处于压力叠加、负重前行的关键期，全党全国人民更要脚踏实地、埋头苦干，以时时放心不下的责任感、积极担当作为的精气神，增强“我要环保”的思想自觉和行动自觉，共同参与美丽中国建设。

一是党委政府要主动作为，自觉践行生态文明建设责任。要心怀“国之大者”，自觉强化责任担当，坚决落实生态文明建设“党政同责、一岗双责”，不断提高政治判断力、政治领悟力、政治执行力，确保党中央关于生态文明建设的各项决策部署落地见效。要坚持正确的政绩观，算好政治账、长远账，不简单以国内生产总值增长率论英雄，不被短期经济指标的波动所左右，自觉把新发展理

念贯穿经济社会发展全过程。要坚持人民至上，积极回应人民群众所想、所盼、所急，把生态文明建设作为重大民生实事紧紧抓在手上，始终把人民群众满意作为根本出发点和落脚点，集中攻克群众身边的突出生态环境问题，不断增强人民群众的获得感、幸福感、安全感。

二是企业要主动守法，自觉履行环境社会责任。企业既是污染物排放的主体，也是环境污染治理的主体。在我国经济转向高质量发展的新阶段，企业要更加主动地履行环境责任和社会责任，将绿色理念融入企业生产经营全过程，不断健全内部环境管理制度体系，落实排污单位依证排污主体责任，自愿参与碳减排。同时，加大绿色投入，加大绿色低碳科技创新力度，主动谋划和加快转型升级步伐，加快布局绿色创新前沿技术，努力提升企业绿色竞争力。

三是社会要主动参与，做生态文明建设的实践者和推动者。建设美丽中国是全体人民的共同事业，每个人都是生态环境的保护者、建设者、受益者。要主动加强环境科学知识和环保技能学习，弘扬生态文化与生态道德，牢固树立尊重自然、爱护自然的绿色价值观，不断提升自身生态文明素养。积极践行绿色低碳生活方式，包括绿色消费、低碳出行、垃圾分类等，以实际行动减少能源资源消耗和污染排放，形成绿色文明生活风尚。主动参与生态文明宣教、呵护自然生态、环境社会监督、生物多样性保护等生态环境志愿服务活动，自发成为生态文明建设的生力军。

持续巩固引领者作用，推动构建更加公平合理、合作共赢的全球气候治理体系

习近平总书记强调："建设美丽家园是人类的共同梦想。面对生态环境挑战，人类是一荣俱荣、一损俱损的命运共同体，没有哪个国家能独善其身。""建设全球生态文明，需要各国齐心协力，共同促进绿色、低碳、可持续发展。"面对全球生态环境危机与挑战，作为全球环境治理的重要参与者、引领者，中国将继续与世界各国共谋生态文明之路，共走绿色发展之路，为实现人类和地球更加美好的未来作出新的更大贡献。

一是推动解决全球重大环境问题。党的十八大以来，中国坚定不移共谋全球生态文明建设，推动应对气候变化《巴黎协定》达成、签署、生效和实施，宣布碳达峰碳中和目标，成功举办《生物多样性公约》第十五次缔约方大会第一阶段会议，推动建立全球清洁能源合作伙伴关系，率先在世界范围内实现土地退化"零增长"，连续30多年保持森林覆盖率、森林蓄积量"双增长"，为全球环境治理贡献了中国智慧、中国方案、中国力量，也让越来越多的国家和地区获益。面对全球三大环境危机，包括气候变化、生物多样性遭破坏及污染问题，中国将继续秉持人类命运共同体理念，以中国生态环保经验携手世界环境可持续发展，积极落实全球发展倡议，践行真正的多边主义，更具建设性地参与新的国际规则制度制定，加强应对气候变化、海洋污染治理、生物多样性保护等领域国际合作，发挥全球生态

文明建设引领者作用。

二是推动应对气候变化“南南合作”。认真落实气候变化领域“南南合作”政策承诺，立足发展中国家切实需求，尽己所能帮助发展中国家特别是小岛屿国家、非洲国家和最不发达国家提高应对气候变化能力，减少气候变化带来的不利影响。通过推动建设低碳示范区，打造光伏资源利用合作示范带，援助绿色低碳和节能环保等应对气候变化相关物资等，帮助有关国家提高应对气候变化能力。加强对发展中国家的资金、技术和能力建设等方面的支持。

三是推动绿色“一带一路”建设。充分发挥“一带一路”绿色发展国际联盟等多边合作平台作用，凝聚“一带一路”绿色发展国际共识，完善绿色发展伙伴关系，深化务实合作。加强和推动与共建“一带一路”国家在不同领域、不同层面和不同机制的合作，进一步统筹推进绿色发展重点领域合作与支持保障体系，特别是加强绿色投资、绿色金融、绿色基建、节能减排、应对全球气候变化等领域的合作，提升共建“一带一路”国家环境治理能力和水平，推动绿色发展成果共享共用。

持续巩固习近平生态文明思想学习研究宣传，更好地引领美丽中国建设

习近平生态文明思想是对我们党领导生态文明建设实践成就和宝贵经验提炼升华的重大理论创新成果，是全面推进美丽中国建设的定盘星、指南针和金钥匙。在新时代新征程上，更要持续深入贯彻

落实习近平生态文明思想，坚持用习近平生态文明思想武装头脑、指导实践、推动工作，以更高站位、更宽视野、更大力度来谋划和推进美丽中国建设工作。

一是深入学习习近平生态文明思想。准确把握习近平生态文明思想的科学性、真理性、人民性、实践性、开放性和时代性，系统掌握贯穿其中的马克思主义立场观点方法，深思细悟领会其核心要义、精神实质、丰富内涵、理论贡献和实践要求，做习近平生态文明思想的坚定信仰者、积极传播者、模范践行者。及时跟踪学习习近平生态文明思想最新创新发展，准确理解和把握全国生态环境保护大会提出的“四个重大转变”“五个重大关系”“六项重大任务”“一个重大要求”，增强美丽中国建设的信心、决心和战略定力，更加自觉扛起生态文明建设历史使命与责任。

二是做好习近平生态文明思想的研究阐释。深化习近平生态文明思想的学理化阐释、学术化表达、系统化构建等研究，加大理论与实践贯通路径、跨学科学理研究力度，重点对习近平生态文明思想的理论性、实践性和传播性开展研究，阐释丰富内涵、理论体系、内在逻辑、贡献突破、实践价值等，深化对党的理论创新的规律性认识，推动建立完善习近平生态文明思想的理论体系、学术体系和话语体系，为保护生态环境、建设美丽中国提供丰厚的学理支撑。

三是做好习近平生态文明思想大众化传播。加快建构生态文明大众化传播的叙事体系，讲好生态文明的理论创新、制度创新与实践成果，深入总结和宣传推广国家生态文明建设示范市县、“绿水青山就是金山银山”实践创新基地、“无废城市”、美丽河湖、美丽海湾建设等习近平生态文明思想的实践案例，阐释习近平生态文明思想的真理力量与实践伟力，增进全社会对习近平生态文明思想的理解和认同。加强传播手段和话语方式创新，引导全社会牢固树立生态文明价值观，将绿色发展的思维方式和价值理念贯彻落实到社会生活的各个领域，增强参与生态文明建设的“向心力”。

如何理解“生态环境保护结构性、根源性、趋势性压力尚未根本缓解”*

在2023年7月召开的全国生态环境保护大会上，习近平总书记指出，我国生态环境保护结构性、根源性、趋势性压力尚未根本缓解，生态文明建设仍处于压力叠加、负重前行的关键期。这是对我国生态文明建设面临形势的科学判断，对于指导我们在新征程上全面推进美丽中国建设，加快推进人与自然和谐共生的现代化具有重要意义。

结构性压力尚未根本缓解

我国还处于工业化、城镇化深入发展阶段，产业结构、能源结构、交通运输结构仍具有明显的高污染、高排放特征，结构调整任重

* 原文刊登于《中国环境报》2023年8月31日第3版，该文章为学习贯彻全国生态环境保护大会精神系列报道文章之一，作者：韩文亚，刘智超。

道远，统筹发展与保护难度不断加大。

产业结构偏重。我国制造业规模已经连续 13 年位居世界首位，2022 年制造业增加值为 33.5 万亿元，占国内生产总值的 27.7%，占全球比重近 30%。钢铁、冶金、机械、能源、化工等重工业在国民经济中占比较高。随着生态文明建设的持续推进，粗放式的发展模式难以持续，但重工业比重仍然较高，一些科技水平不高、产品偏低端、排放强度偏高的产业仍占一定比例，迫切需要克服传统产业的发展惯性和路径依赖，理顺资源价格体系、加大技改力度、淘汰落后产能、优化产业空间布局，为高质量发展腾出更多环境容量，为绿色低碳发展提供新动能。

能源结构偏煤。在“双碳”目标约束下，截至 2021 年底我国能源绿色低碳转型虽然实现了清洁能源消费比重升至 25.5%、煤炭消费比重降至 56.0%、可再生能源发电装机占总发电装机容量 44.8% 的显著成效，但富煤的资源禀赋是我国确保能源安全、稳定能源价格的“压舱石”，并且能源结构由可控连续的煤电装机占主导逐步向稳定性偏弱的新能源发电装机占主导转变，对电力系统调峰的灵活性和保供的安全性以及机组启停、低负荷运行过程中污染物达标排放均提出了更高要求。需助力加快构建清洁低碳安全高效的能源体系和新型电力系统，提升国家能源安全保障能力，协同推进降碳、减污、扩绿、增长。

交通运输结构偏公。大力推进“公转铁”“公转水”、加快发展多式联运等举措取得阶段性成效，2022 年铁路、水路货运量，港口集装箱铁水联运量分别同比增长 4.4%、3.8%、16.0%，铁路、水路货运量占营业性货运量比重较 2021 年提高 1.8 个百分点。但持续深入推进交通运输领域的污染防治和绿色低碳转型还存在短板弱项，一是综合交通网络布局不够均衡、结构不尽合理、衔接不够顺畅，重点城市群、都市圈的城际和市域（郊）铁路欠缺；二是货物多式联运比重偏低，定制化、个性化、专业化运输服务产品供给与快速增长的需求不匹配；三是公路仍为主要运输方式（占比 73.3%），铁路、水路货运量占比较低，分别为 9.8%和 16.9%，绿色低碳转型的任务艰巨；四是铁路固定资产投资不增反降，2022 年较 2021 年下降 5.1%，“公转铁”推广应用仍需加快等。

根源性压力尚未根本缓解

我国生态文明建设仍然面临诸多矛盾和挑战，资源环境压力较大、环保历史欠账尚未还清，治理能力还存在短板弱项等根源性压力还很突出、尚未根本缓解。

资源能源消耗和污染排放还处在高位。2022 年我国钢材、精炼铜消费量占全球比重分别为 51.7%、57.4%，单位国内生产总值氮氧化物、二氧化碳排放仍是美欧等发达国家的 2 倍以上。大量资源能源消耗和污染物排放给生态环境保护和污染治理带来较大压力。2022 年我国 PM2.5 浓度（29 微克/立方米）以及臭氧浓度（145 微克/立方米）与以健康为导向的 WHO 目标值（5 微克/立方米、60 微克/立方米）仍然存在较大差距，超过 1/3 的城市空气质量不达标，PM2.5 浓度是欧美平均水平的 3 倍左右。

生态环境历史欠账较多。我国生态本底脆弱，长期积累的生态环境问题较多。多达 21 个省份存在生态系统抗干扰能力弱、气候敏感程度强、时空波动性大、环境异质性高等脆弱性特征；流域水生态、部分地区土壤污染、局部地区生态系统质量和功能等问题较为突出；老旧城区、城中村、城乡接合部污水管网建设，县级地区生活垃圾焚烧处理，固体废物、危险废物、医疗废物处理处置等存在突出短板、解决难度较大，以高品质生态环境支撑高质量发展仍存在较大压力。

治理能力有待提高。一是体制不协调，统筹协调监管能力还不能完全满足生态环境保护的系统性、整体性要求，还未全面充分调动起各行业各领域、各级地方政府共同担起生态环境保护责任的主动性。二是机制不顺畅，尚未建立健全生态环境保护者受益、使用者付费、破坏者赔偿的利益导向机制，生态补偿、损害赔偿等机制还没有充分建立健全。三是经济手段不多，污染责任保险、绿色信贷等都还处于自发的试点示范阶段，距离协同推进降碳、减污、扩绿、增长的新要求还有差距。

趋势性压力尚未根本缓解

我国仍处于并将长期处于社会主义初级阶段，经济绿色转型的基础尚不稳固，国际局势日趋复杂严峻，不确定性风险将长期存在，实现生态环境质量从量变到质变的趋势性拐点还需付出艰苦努力。

经济绿色转型的基础尚不稳固。在迈上全面建设社会主义现代化国家新征程的过程中，我国工业化、城镇化尚未完成，高精尖领域与发达国家仍有较大差距，城镇化的数量和质量还有较大的提升空间，人民对美好生活的需要日益增长，这就导致我国资源能源的刚性需求还会增加、生态环境压力还会加大。部分地方可能为追求经济增速，仍依赖传统粗放式发展路径；部分企业为追求利润，可能违规生产、违法排污，给经济高质量发展带来不利影响。

国际环境问题对国内趋势性压力增强。在人类面临生态赤字、环境赤字加重的情况下，全球环境治理形势更趋复杂，美西方一方面逃避历史责任，对我国承担生态环境国际责任的要求越来越高、压力越来越大；另一方面，在引领绿色低碳发展、领导全球环境治理方面采取不公平竞争手段，通过采取单边措施、设置绿色贸易壁垒等手段，企图遏制我国高新技术发展和产业转型升级。

生态环保和应对气候变化存在诸多不确定性。一是自然灾害、极端天气发生频率加大，影响的空间范围增大，持续时间加长，对生态环境和经济社会发展造成的损害更大。二是具有生物毒性、环境持久性、生物累积性等特征的新污染物，刚刚纳入环境管理或现有管理措施不足，且随着对化学物质环境和健康危害认识的不断深入以及环境监测技术的不断发展，可被识别出的新污染物还会持续增加，对生态环境或人体健康存在较大风险隐患。

认清形势，方能行稳致远。我们要深刻认识和准确把握当前生态环境保护结构性、根源性、趋势性压力尚未根本缓解的总体形势，谋划和组织实施好标志性行动和创新性举措，推动发展方式绿色低碳转型，打好法治、市场、科技、政策、队伍建设等“组合拳”，以更高标准深入打好蓝天、碧水、净土保卫战，以生态环境保护新成效为建设美丽中国作出新贡献。

全面理解我国生态文明建设仍处于压力叠加、负重前行的关键期*

2018 年习近平总书记在全国生态环境保护大会上指出，生态文明建设正处于压力叠加、负重前行的关键期，进入提供更多优质生态产品以满足人民日益增长的优美生态环境需要的攻坚期，也到了有条件有能力解决生态环境突出问题的窗口期。时隔五年，在 2023 年全国生态环境保护大会上，习近平总书记进一步指出，当前我国经济社会发展已进入加快绿色化、低碳化的高质量发展阶段，生态文明建设仍然处于压力叠加、负重前行的关键期。

我国生态文明建设从“正处于”到“仍然处于”压力叠加、负重前行关键期的判断，是对生态文明建设面临困难长期性、复杂性、深远性的准确把握。

* 原文刊登于《中国环境报》2023 年 9 月 5 日第 3 版，该文章为学习贯彻全国生态环境保护大会精神系列报道文章之一，作者：杨小明，王彬。

如何理解压力叠加和负重前行

生态文明建设目标任务叠加，工作难度进一步增大。生态文明建设由原来的坚决打赢污染防治攻坚战向加强污染防治，推动绿色低碳转型、生态保护，推进碳达峰碳中和、守牢美丽中国安全底线和健全保障上全面发力。工作任务的全面性、系统性、艰巨性都发生了巨大变化，生态文明建设进入深水区，剩下的都是难啃的“硬骨头”。

统筹发展和保护的压力不断增大，深层次矛盾更加凸显。当前，世界经济增长动能不足、全球贸易增速放缓，经济复苏缓慢，复苏程度远低于预期。国际货币基金组织最新的《世界经济展望报告》预测，2023年全球经济将增长2.8%，较此前预测下调0.1个百分点，也低于2022年的3.4%，2024年将稳定在3%左右。我国改革发展稳定依然面临不少深层次矛盾，需求收缩、供给冲击、预期转弱三重压力仍然较大，经济恢复的基础尚不牢固，各种超预期因素随时可能发生。现实压力下，甚至出现我国生态环境保护力度应有所放松，为经济发展让路的论调。

生态环境改善和结构调整压力加大，转型任务更为艰巨。当前我国环境改善效果仍不稳固，2023年上半年，全国空气质量优良天数比例同比下降3.2个百分点，平均重度及以上污染天数比例同比上升1.4个百分点。结构调整任重道远，产业结构偏重、能源结构偏煤依然没有改变。我国生产和消耗了世界上一半以上的钢铁、水泥、电解铝等原材料，资源能源利用效率偏低。能源需求仍将保持刚性增长，煤炭消费仍占能源消费总量的半数以上。公路货运量占比高达73%，污染排放大。经济社会发展全面绿色转型内生动力不足、基础薄弱，2022年煤炭消费量占能源消费总量的比例有所回升，单位国内生产总值二氧化碳排放降低指标未能达到年度目标要求。

国内和国际环境治理形势复杂严峻，国际生态环境危机进一步加剧。当前世界处于新的动荡变革期，全球环境治理挑战进一步加大，气候变化和生物多样性等公约谈判斗争激烈。我国在生物多样性保护和应对气候变化等全球环境治理领域不断取得新进展，实现由全球环境治理参与者到引领者的重大转变。而一些西方国家将生态环境保护政治化，执行“双标”对我施压，要求承担超出发展阶段和能力的责任。部分西方国家打气候牌，出台碳关税等政策，妄图消解我国绿色低碳转型成果。全球生态环境问题政治化趋势增强，国际生态环境治理博弈压力激增。日本不顾国际社会强烈反对，核污染水直排入海，加剧了世界海洋生态环境安全的严峻形势。

如何理解压力叠加、负重前行的关键期

这是从新时代十年向新征程迈进的关键期。党的二十大报告提出，建设社会主义现代化强国，到2035年基本实现社会主义现代化，而人与自然和谐共生是中国式现代化的主要特征。2023年全国生态环境保护大会提出要把建设美丽中国摆在强国建设、民族复兴的突出位置，因此这一时期就是将推进美丽中国建设、实现社会主义现代化强国目标和民族复兴伟大事业紧密联系、共同推进的关键期。

这是生态文明建设与高质量发展同步推进的关键期。新时代十年，生态文明建设在党的领导下取得举世瞩目的成就，生态环境改善的成效之大前所未有。这一关键期，生态文明建设将与国家经济社会绿色化、低碳化转型同步推进，需要从经济、社会更深层次入手，更大力度改革，以生态环境高水平保护推进高质量发展。

这是从污染防治攻坚战向美丽中国建设迈进的关键期。新时代十年生态文明建设的重要目标是打赢污染防治攻坚战，为人民群众提供优质生态产品和解决突出环境问题。这一关键期，生态文明建设的重要目标是全面推进建设美丽中国，推进经济社会发展的绿色化和低碳化。

这是现代化生态环境治理体系建设的关键期。经过十年努力，生态环境治理体系有很大提升，但离建设美丽中国目标与发达国家相比还有较大差距。特别是生态环境监测体系还有待规范和统一，政策工具一般指令性手段多一些、市场经济手段没有充分利用，公众参与生态文明建设还有很大空间，基层生态环境部门治理能力还有待加强。

如何度过压力叠加、负重前行的关键期

我国生态文明建设处于压力叠加、负重前行关键期的判断，清醒地指出我国生态环境保护工作依然处于滚石上山、爬坡过坎的关键时期，我们必须以习近平生态文明思想为指导，继续坚持自立自强、艰苦奋斗，顺利度过这一关键期。

生态文明建设阶段任务目标的变化是生态文明建设事业不断螺旋上升的必然过程。由污染治理向生态全面保护转变，由针对少数污染物重点治理向系统全面治理转变，由末端治理向结构调整转变，这些都是生态文明建设事业由一个阶段向更高级阶段跃升的表现，是必由之路，也是应有之道。面对压力叠加的关键期，我们唯有保持定力，稳中求进，扛住当前国际国内经济形势面临诸多困难和压力，保持加强生态文明建设的力度不减、方向不变。锚定美丽中国建设目标，不动摇、不松劲、不开口子，坚定不移推动绿色低碳高质量发展，持之以恒打好污染防治攻坚战，坚决守住生态环境安全底线，在新时代新征程上努力创造经得起历史和人民检验的成绩。

发展和保护、环境治理和结构调整不是截然对立的零和博弈，而是内在统一的互利双赢关系。加强保护能够促进高质量发展，高质量发展也能更好地实现有效保护。环境治理是去除经济肌体中污染重、碳排放高的那部分，对促进经济结构优化有正向促进作用。面对压力叠加的关键期，循道而行方能功成事遂。要持续坚持以习近平新时代中国特色社会主义思想蕴含的理论、观点、方法为指导，沿着习近平总书记擘画的美丽中国建设蓝图不断努力，坚持绿水青山就是金山银山，以更高站位、更宽视野、更大力度来谋划和推进新征程的经济社会发展和生态环境保护工作，深入解决经济社会发展全面绿色转型中存在的顽瘴痼疾，切实有效推动高质量发展。

我国处在经济社会各领域快速发展的关键期，招致西方一些国家的遏制打压，我们无法回避、无法绕行，必须主动应对。随着我国经济社会发展和生态环境保护水平的不断提升，在国际上发挥愈加重要的领导作用，必然会带来原有国际生态环境治理格局的演化甚至重构。我们只有继续坚持共建地球生命共同体理念，站在人与自然和谐共生的高度，更加主动地参与和引领全球环境治理，共谋全球生态文明建设。面对压力叠加的关键期，我们必须稳如泰山，久久为功。生态文明建设取得的伟大成就来之不易，任何风起浪涌都不能影响我们向前发展的步伐和速度。要以钉钉子精神持续不断推动生态文明建设，积极应对前进道路上来自各个方面的风险挑战。坚持和加强党对美丽中国建设的全面领导，继续发挥中央生态环境保护督察利剑作用。各级党委政府坚决扛起美丽中国建设的政治责任，统筹各领域资源、汇聚各方力量，打好法治、市场、科技、政策“组合拳”。

如何以高品质生态环境支撑高质量发展*

2023 年 7 月，习近平总书记在全国生态环境保护大会上强调，今后 5 年是美丽中国建设的重要时期，要坚持以人民为中心，以高品质生态环境支撑高质量发展，加快推进人与自然和谐共生的现代化。

生态文明建设是关系中华民族永续发展的根本大计，保护生态环境就是保护生产力，改善生态环境就是发展生产力。“以高品质生态环境支撑高质量发展”这个重要论述深刻诠释了习近平生态文明思想的核心要义，充分体现了绿水青山就是金山银山的理念，突出强调了绿色发展是发展观的深刻革命，对正确处理高质量发展和高水平保护这一重大关系，厚植高质量发展的绿色底色，不断塑造发展的新动能、新优势具有重大指导意义。

高品质生态环境是支撑高质量发展的必然要求

优美的生态环境是高质量发展的基本目标任务。2015 年 4 月，

* 原文刊登于《中国环境报》2023 年 9 月 19 日第 3 版，该文章为学习贯彻全国生态环境保护大会精神系列报道文章之一，作者：尚浩冉，黄德生。

中共中央、国务院印发的《关于加快推进生态文明建设的意见》指出，加快推进生态文明建设是加快转变经济发展方式、提高发展质量和效益的内在要求，经济社会发展必须建立在资源得到高效循环利用、生态环境受到严格保护的基础上。同年 9 月，中共中央、国务院印发的《生态文明体制改革总体方案》提出生态文明体制改革的理念为“六个树立”，即树立尊重自然、顺应自然、保护自然的理念，树立发展和保护相统一的理念，树立绿水青山就是金山银山的理念，树立自然价值和自然资本的理念，树立空间均衡的理念，树立山水林田湖是一个生命共同体的理念。2021 年 11 月，中共中央、国务院印发的《关于深入打好污染防治攻坚战的意见》提出，以更高标准打好蓝天、碧水、净土保卫战，以高水平保护推动高质量发展、创造高品质生活的总体要求。党的二十大报告指出，必须牢固树立和践行绿水青山就是金山银山的理念，站在人与自然和谐共生的高度谋划发展。当前，我国经济社会发展已进入加快绿色化、低碳化的高质量发展阶段。绿色发展是新发展理念的重要组成部分，绿色决定发展的成色，因此良好的生态环境是高质量发展的目标任务和内在要求。

良好的生态环境是高质量发展的关键基础要素。大自然是人类赖以生存发展的基本条件，保持良好的生态环境，人类社会才能得到永续发展。九曲黄河孕育了古老而伟大的中华文明。然而，黄河一直“体弱多病”，生态本底差，水资源十分短缺，水土流失严重，资源环境承载能力弱，成为制约沿黄各省（区）高质量发展的关键因素。习近平总书记多次实地考察黄河流域生态保护和经济社会发展情况，指出治理黄河，重在保护，要在治理，为保障黄河安澜、长治久安、促进全流域高质量发展指明了方向。绿色低碳发展是时代潮流、大势所趋，中华民族要实现永续发展，走西方发达国家消耗资源、污染环境谋求发展的老路是难以为继的，只有把绿色发展的底色铺好，才会有未来发展的持续强劲动力。

生态环境质量改善对高质量发展的促进作用越发显著。“草木植成，国之富也。”良好生态环境既是自然财富，也是经济财富，关系经济社会发展潜力和后劲。党的十八大以来，长江经济带发展把生态环境保护摆上优先地位，长江上中下游协同发力、流域齐治、湖塘并治。2022 年，长江流域国控断面优良水质比例达 98.1%，比 2015 年上升 16.3 个百分点，长江干流连续 3 年全线达到Ⅱ类水质；长江经济带地区生产总值达 55.98 万亿元，占全国比重提高至 46.5%。共抓大保护不仅没有影响发展速度，推动生态优先、绿色发展还提升了长江经济带对全国高质量发展的支撑带动作用。生态环境保护和经济发展是辩证统一的关系，高品质的生态环境可以更有力支撑绿色发展，持续释放新的经济动能。

高品质生态环境支撑高质量发展仍面临挑战

当前生态环境质量改善成效仍不稳固、仍存短板。我国生态文明建设仍处于压力叠加、负重前行的关键期，统筹发展与保护难度不断加大。三大结构调整任重道远，钢铁、冶金、机械、能源、化工等重工业在国民经济中占比较高，2022 年，钢材、精炼铜消费量占全球比重分别为 51.7%、57.4%，单位国内生产总值氮氧化物、二氧化碳排放仍是美欧等发达国家的两倍以上。公路运输仍为主要运输方式，清洁能源供给尚不稳定，煤电机组调峰的灵活性和保供的安全性对低负荷工况下污染物排放控制提出了更高的要求。生态本底脆弱，历史欠账较多，多达 21 个省份存在生态系统抗干扰能力弱、气候敏感程度强、时空波动性大、环境异质性高等脆弱性特征。统筹协调监管能力还不能完全满足生态环境保护的系统性、整体性要求，生态补偿、损害赔偿等机制还没有充分建立健全，以高品质生态环境支撑高质量发展仍存在较大压力。

生态环境保护与产业发展关联性有待加强。党的十八大以来，各地加快实施生态环境治理和保护修复重大工程，为生态环境改善提供了有力支撑，但仍存在治理与产业有机融合不够、关联性不强的问题。在各地保护和发展实践中，仍然普遍将产业发展与生态环保割裂开来进行谋划，产业发展在项目引进、立项和规划建设时未能充分考虑资源环境禀赋和生态影响，生态环境建设项目大多被视为纯投入，在生态和产业融合发展、相互促进，生态治理反哺机制和“生态+”新业态培育方面的统筹考虑不够，导致目前产业生态化和生态产业化总体发展水平和质量都不高。生态保护与产业发展是密不可分的，没有生态资源作为依托，产业发展就是无源之水、无本之木；没有绿色低碳、高附加值的产业发展作为支撑，生态环境保护的投入也难以持久，生态优势也就难以转化为发展优势。

高品质生态环境的溢出经济价值尚未充分发掘。高品质生态环境能吸引更多人来投资、发展、工作、生活，带动生态环境投入转化为经济效益，部分地区对优美生态环境的溢出价值发掘不够、转化机制不畅。一些地方生态环境很好，但守着绿水青山，未能创造金山银山，关键在于对良好生态蕴含的经济价值认识不清，对过往的发展思路仍有路径依赖，生态产品价值实现机制仍未有效建立。改变发展思路，打通生态产品转化为经济价值的路径，能够有效推进生态优势转化为发展优势。在浙江安吉，一竿翠竹撑起了一方经济，从传统的商品竹开发、竹制品生产，逐步延伸到菌菇等林下经济作物种植、乡村旅游、生态研学，到如今的推动以竹代塑、竹产品碳标签应用、竹林碳汇改革，以全国 1.8%的竹产量创造了 10%的竹业总产值，探索形成了产业增值、农民增收、产品固碳的生态价值实现新路径。

全面推动以高品质生态环境支撑高质量发展

持续提高生态环境品质。要深入打好污染防治攻坚战，坚持精准治污、科学治污、依法治污，保持力度、延伸深度、拓展广度，深入推进蓝天、碧水、净土三大保卫战，持续改善生态环境质量。开展多层次多领域减污降碳协同创新，推行重点行业企业绩效分级管理，推进大气污染减排、水污染防治和水生态修复、土壤污染防治与安全利用等一系列重大工程，加大生态系统保护力度，切实加强生态保护修复监管，持之以恒打造高品质生态环境，不断满足人民群众日益增长的优美生态环境需要，有力支撑实现高质量发展的目标。

加强优质环境产品和服务供给。着力加强环境治理能力现代化和绿色技术发展，提升相关产业绿色低碳竞争力。一是强化重大项目环评服务，推进重大战略和政策部署的环评前期工作，加强重点行业项目环评的管理指导和技术帮扶。二是促进新能源汽车等绿色产品消费，积极推动国家绿色发展基金对生态环保产业发展的支持，推动更多绿色低碳技术的应用。三是加强环境服务和产品的绿色贸易，在世界贸易组织（WTO）和亚太经济合作组织（APEC）框架下强化环境产品与服务的国际合作，促进关键环保技术引进和集成创新，助推我国产业结构、贸易结构绿色转型升级。

拓宽绿水青山转化为金山银山的路径。总结、培育和推广绿水青山向金山银山转化成功模式，让自然财富、生态财富源源不断带来社会财富、经济财富。一是加强生态治理和特色产业的有机融合，推动生态文明建设、生态产业化、产业低碳化和乡村振兴等协同共进，深入探索推进生态环境导向的开发模式（EOD）。二是创新机制盘活生态资源要素，通过建立付费、交易、补偿等资源要素市场化机制，让资源变资产、资金变股金、农民变股东、绿水青山变金山银山。三是做强生态品牌经济，挖掘各地特色生态文化，培育“生态+”文旅、康养、体育等新业态，发挥高品质生态环境对营商环境和投资贸易的拉动作用。

加强生态环保政策对宏观经济治理的调控作用。充分发挥生态环保对经济社会发展的引导和优化支撑作用，健全美丽中国建设保障体系。一是积极推动生态环保融入宏观经济治理，在专项规划、产业布局、财税金融等政策中，将生态环境纳入高质量发展的基本要素进行考量，加强生态环境政策优化经济发展的功能。二是完善绿色低碳发展经济政策，推动有效市场和有为政府更好结合，优化支持绿色低碳发展的财税金融贸易政策，用财税杠杆撬动更多社会资金促进企业节能减排。三是加强生态环保科技支撑，加快制定传统产业绿色低碳转型和绿色节能产业发展指导性文件，推进臭氧、新污染物治理、低碳等关键核心技术攻关，深化人工智能等数字技术应用，建设绿色智慧的数字生态文明。

如何理解把绿色低碳发展作为解决生态环境问题的治本之策*

2023 年 7 月，习近平总书记在全国生态环境保护大会上强调："要加快推动发展方式绿色低碳转型，坚持把绿色低碳发展作为解决生态环境问题的治本之策。"这一重要论述，深刻阐释了生态环境问题的解决，根本上是要正确处理人与自然之间的关系。这是在准确把握生态环境问题成因的基础上提出的根本解决思路，更是未来必须紧紧抓住的出路，对正确处理高质量发展和高水平保护的关系，进而建设人与自然和谐共生的现代化具有重大意义。

为什么解决生态环境问题要坚持"治本"

生态环境问题涉及人民生产生活的方方面面，涉及经济社会发

---

* 原文刊登于《中国环境报》2023 年 10 月 17 日第 3 版，该文章为学习贯彻全国生态环境保护大会精神系列报道文章之一，作者：李可心，李丽平，张彬。

展全局，生态环境治理是一项复杂的系统工程。必须系统谋划、协同治理，才能在经济社会发展的同时根治生态环境问题。

治本才能不按下葫芦浮起瓢。我国过去多年高增长积累的环境问题，具有复合型、综合性、难度大的特点。要解决生态环境问题，不能“头痛医头、脚痛医脚”，必须有系统思维、长远眼光。要重视环境要素之间的相互联系，由单目标的污染治理向多目标的全面保护转变。打在环境污染的“七寸”，才能真正解决生态环境问题。

治本才能避免事倍功半。当前我国已进入深入打好污染防治攻坚战阶段，生态环境治理进入深水区，仅靠末端治理的管控手段难以为继。必须从源头管控、精细化管理，坚持以绿色低碳为引领，寻求系统化的解决方案。以末端治理为例，企业引进治理设备，一方面增加投资运维成本，另一方面设备周期性产生的废弃物还会增加二次污染风险。仅靠末端治理解决生态环境问题，难免导致事倍功半。

治本才是长久之计。当前我国生态环境保护结构性、根源性、趋势性压力尚未根本缓解，统筹发展与保护难度不断加大。单纯从污染治理的角度解决生态环境问题，犹如扬汤止沸，将会陷入“治理—反复—再治理—再反复”的怪圈。必须从根源上消除环境污染和生态破坏的病根，才能长久地解决生态环境问题。

为什么绿色低碳发展是“治本之策”

生态环境问题归根到底是发展方式和生活方式问题，必然依靠发展方式、生活方式的变革才能得以根治。实践证明，靠过度消耗资源、破坏生态环境所带来的经济增长难以为继，只有坚持绿色低碳发展，才能解决生态环境问题的思想之源、生产之源、生活之源。

绿色低碳发展是思维方式、价值观念的变革。绿色发展是新发展理念的重要组成部分，就是要解决好人与自然和谐共生的问题，彻底转变以牺牲资源环境为代价谋求一时一地经济增长的局面，突破“先污染、后治理”的旧有发展思维、发展理念和发展模式。通过绿色低碳发展，系统谋划，把经济活动、人的行为限制在自然资源和生态环境能够承受的限度内，使资源、生产、消费等要素相匹配、相适应。从顶层设计、思想观念上种下绿色低碳、生态环保的种子，从源头解决生态环境问题。

绿色低碳发展是生产方式的变革。推动形成绿色低碳的生产方式，就是要从根本上缓解经济发展与资源环境之间的矛盾，改变过多依赖增加物质资源消耗、过多依赖规模粗放扩张、过多依赖高能耗高排放产业的发展模式，构建起科技含量高、资源消耗低、环境污染少的产业结构，从源头上大幅减少污染物排放，从根本上解决环境问题。党的十八大以来，我国坚定不移走生态优先、绿色发展道路，将绿色发展理念贯穿经济社会发展各个方面。十年来，我国能耗强度累计下降 26.4%，碳排放强度累计下降超 30%，全国重点城市 PM2.5 平均浓度下降 57%，以年均 3%的能源消费增速支撑了超过 6%的经济增长，力图实现在经济高质量发展中解决生态环境问题。

绿色低碳发展是生活方式的变革。要解决生态环境问题，推动公众形成绿色低碳生活方式尤为重要，只有增强全社会对绿色低碳生活方式的理解和认同，加快形成节约适度、绿色低碳的生活方式和消费模式，才能倒逼生产方式的绿色低碳转型，为生态环境保护凝心聚力。十年来，我国持续加大生态环保宣传教育力度，广泛开展绿色生活创建行动，推动绿色低碳环保理念生根发芽。从光盘行动，到垃圾分类，再到绿色出行，越来越多的人正在积极主动践行绿色低碳的生活方式，从源头减少污染物的产生和排放，努力实现在社会发展中解决生态环境问题。

如何抓好“治本之策”

要在有限的自然资源和生态环境承载力内谋求经济社会高质量发展，解决生态环境问题，必须依靠绿色低碳的战略引领、产业发展、空间统筹、技术创新和意识培养。

牢固树立绿色低碳发展理念，为生态环境问题的解决提供战略指引。新发展理念是我国进入新发展阶段、构建新发展格局的战略指引，具有很强的战略性、纲领性、引领性，贯穿经济社会活动全过程。而绿色发展是新发展理念的重要内容，就是要坚持“绿水青山就是金山银山”的理念，把经济活动、人的行为限制在自然资源和生态环境能够承受的限度内。未来必须坚持将绿色低碳发展作为生态环境问题解决的指挥棒和红绿灯，坚持系统观念，构建绿色低碳的体制机制和政策体系，以更高站位、更宽视野、更大力度来谋划和推进新征程生态环境保护工作。

培育发展绿色低碳产业，为生态环境问题的解决提供产业基础。生态环境问题的解决离不开产业的支撑，绿色低碳发展是经济发展的新增长点，对解决生态环境问题具有针对性的保障。绿色低碳发展作为一种生产方式的变革，需要政府引导能源结构、产业结构、交通运输结构等方面的转型发展，更需要企业支持推进绿色低碳生产方式的落地实施。需要共同推动战略性新兴产业、高技术产业、现代服务业加快发展，培育壮大节能环保产业、清洁生产产业、清洁能源产业，发展高效农业和先进制造业。为解决生态环境问题，不断夯实绿色低碳发展的产业基础。

优化绿色低碳空间布局，为生态环境问题的解决提供更多环境容量。解决生态环境问题既需要时间上的持续努力，也需要空间上的科学统筹。要坚守耕地保护和生态保护两条红线，不断强化生产空间、生活空间、生态空间的统筹和协调，因地制宜地布局优势产业、深化环境治理，在实现经济发展的同时提高区域环境容量，为生态环境问题的解决提供更多空间。

加大绿色低碳技术创新力度，为生态环境问题的解决提供科技支撑。绿色低碳技术涉及减污降碳协同增效，涉及节能、节水、污染治理等多个方面，可以改善产业结构偏重、能源结构偏煤、运输结构偏公路等高碳、高污染的状况，推动绿色转型，进而从根源上破解生态环境治理难题。未来需要在财税、金融、投资、价格等政策方面持续加强对绿色低碳、节能环保科技研发的支撑能力，推进科技自立自强，把清洁低碳能源、应对气候变化、新污染物防治等作为国家基础研究和科技创新重点领域，狠抓关键核心技术攻关，实施绿色低碳、生态环境科技创新重大行动，培养造就一支高水平专业科技人才队伍。

培养全民绿色低碳消费意识，为生态环境问题的解决提供原动力。生态环境问题的解决，关键在人，人的生活方式也是影响生产方式的关键。必须充分发挥生态环境部门在宣传教育方面的优势，借助“全国节能宣传周”“全国低碳日”“六五环境日”等大力开展宣传活动，普及生态环境保护、绿色低碳等领域的知识。积极组织绿色家庭、绿色学校、绿色社区等绿色生活创建行动，将绿色低碳理念推广到人民生活的方方面面，为打造优美宜居的生态环境、为建设人与自然和谐共生的现代化营造良好氛围。

如何通过高水平保护塑造发展新动能新优势*

2023年7月，习近平总书记在全国生态环境保护大会上强调：“要站在人与自然和谐共生的高度谋划发展，通过高水平环境保护，不断塑造发展的新动能、新优势，着力构建绿色低碳循环经济体系，有效降低发展的资源环境代价，持续增强发展的潜力和后劲。”习近平总书记关于高水平保护与高质量发展关系的重要论述，不仅包含着深刻的辩证思维与实践要求，更为我们迈上新征程继续深入推进生态文明建设提供了理论指引。

高质量发展和高水平保护是相辅相成、相得益彰的辩证统一关系

继续推进生态文明建设，处理好高质量发展和高水平保护的关

---

* 原文刊登于《中国环境报》2023年11月2日第3版，该文章为学习贯彻全国生态环境保护大会精神系列报道文章之一，作者：和夏冰，崔奇，耿润哲。

系，居于管总和引领地位，带有全局性、根本性。党的二十大报告提出：“推动经济社会发展绿色化、低碳化是实现高质量发展的关键环节。”这表明，高水平保护是高质量发展的重要支撑，高质量发展依靠高水平保护才能实现，高质量发展和高水平保护之间是相辅相成、相得益彰的。

生态环境高水平保护是贯彻新发展理念、构建新发展格局、推动高质量发展的应有之义。良好生态环境是助推高质量发展的重要基础和内生动力。首先，新发展阶段要实现高质量发展，需要高水平保护作为支撑。高水平保护不是不谋发展，而是以绿色为引领，实现高质量可持续发展。离开绿色环保的发展，既不符合新发展理念，更谈不上高质量。其次，高水平保护可以为高质量发展把好关、守好底线，把资源环境承载力作为前提和基础，自觉把经济活动、人的行为限制在自然资源和生态环境能够承受的限度内，从而在绿色转型中推动发展实现质的有效提升和量的合理增长。第三，高水平保护可以通过减污降碳协同增效和环境标准提升，推动产业结构、能源结构、交通运输结构转型升级，加快形成绿色生产方式和生活方式，厚植高质量发展的绿色底色。

高水平保护也依赖于高质量发展的目标与路径，更离不开高质量发展提供的基础保障。绿色低碳发展是解决生态环境问题的治本之策。高质量发展依赖的技术进步和创新，可以显著提高资源和生态环境的实际使用效率，大幅度提升环境治理效益，将经济发展中对资源和生态环境的负面影响降至最低。实现高质量发展的产业、市场、资本、财税、金融等诸多政策工具，也有利于推动生态环保工程建设和环保产业发展，发挥促进高水平保护的效果和价值。

以更主动稳妥的策略和方法推动高水平环境保护

习近平总书记强调："我国生态环境保护结构性、根源性、趋势性压力尚未根本缓解。我国经济社会发展已进入加快绿色化、低碳化的高质量发展阶段，生态文明建设仍处于压力叠加、负重前行的关键期。"要充分认识我国当前面临的新型工业化、信息化、城镇化、农业现代化叠加发展，不同阶段、不同领域的各种问题相互交织、集中出现的现实国情，深刻把握既要深入推进环境污染防治，又要促进发展方式绿色低碳转型，还要强调生态系统保护修复的阶段性、特殊性、紧迫性，以更加主动和稳妥的策略方法、奋发有为的精神状态做好生态环境保护各项工作。

在世界观和方法论上，要以实际行动践行"六个必须坚持"。自觉在生态环境保护工作中把握好习近平新时代中国特色社会主义思想的世界观和方法论，指导做好生态环境保护工作。坚持绿水青山就是金山银山理念，坚持把尊重自然、顺应自然、保护自然作为发展的内在要求。把生态环境保护放到经济社会发展的大局中去考量，坚持稳字当头、稳中求进，更好地统筹发展和保护。

在战略上，要保持加强生态环境保护的战略定力。对标 2035 年美丽中国建设目标，以实现生态环境根本好转为核心，持续深入打好污染防治攻坚战，以更高标准打好蓝天、碧水、净土保卫战，推动污染防治在重点区域、重要领域、关键指标上实现新突破。

在战术上，要突出精准、科学、依法治污。在精准治污方面，做到问题、时间、区域、对象、措施“五个精准”，切忌搞“齐步走”“大撒网”。在科学治污方面，遵循客观规律，强化对突出生态环境问题成因机理及内在演变规律、传输路径和控制途径的研究，有针对性地谋划对策、推动落实。在依法治污方面，坚持依法行政、依法推进、依法保护，助力优化企业发展环境。

在策略上，要坚持降碳、减污、扩绿、增长协同推进，做好“六个统筹”，即统筹减污降碳协同增效，统筹 PM2. 5 与臭氧协同治理，统筹水资源、水环境、水生态保护，统筹城市和农村，统筹陆域与海洋，统筹传统污染物与新污染物防治。

不断塑造发展的新动能、新优势

近十年来，我国对世界经济增长的平均贡献率超过七国集团总和，经济年均增长率远高于世界经济、发达经济体的平均增速，我国在经济总量持续增长的同时，污染物排放持续大幅度降低。从城市到乡村，从生产到生活，我国正在以发展的“含绿量”提升增长的“含金量”。实践证明，保护生态环境不仅不会阻碍经济发展，而且能为经济发展增添新动能、新优势，持续增强高质量发展潜力和后劲。

深入打好污染防治攻坚战，为深化新旧动能接续转换提供绿色路径。保持力度、延伸深度、拓宽广度，坚持精准治污、科学治污、依法治污，以改善生态环境质量为核心，坚持问题导向，聚焦污染防治重点领域、重要区域和关键环节，以更高标准打几个漂亮的标志性战役。坚决遏制高耗能、高排放项目盲目发展，严格落实污染物排放区域削减要求，依法依规淘汰落后产能和化解产能过剩。

推动减污降碳协同增效，为构建现代化产业体系培育新动能。建设绿色制造体系和服务体系，提高绿色低碳产业在经济总量中的比重，提升绿色产业体系对构建现代化经济体系的牵引作用。探索产品设计、生产工艺、产品分销以及回收处置利用全产业链绿色化，加快工业领域源头减排、过程控制、末端治理、综合利用全流程绿色发展。稳妥有效推进重点领域节能降碳改造升级，持续加强产业集群环境治理，明确产业布局和发展方向，引导产业向“专精特新”转型。

提升生态系统多样性、稳定性、持续性，以高品质生态优势赋能高质量发展。统筹山水林田湖草沙一体化保护和系统治理，构建从山顶到海洋的保护治理大格局，科学实施重要生态系统保护和修复重大工程，扎实推进生物多样性保护重大工程。加强生态保护红线生态监管，健全自然保护地体系建设。聚焦生态产业化和生态产品价值实现，开展类型多样、特色鲜明的“两山”实践探索，不断丰富生态产品价值实现路径，培育绿色转型发展的新业态新模式。

促进生态环保产业健康发展，打造绿色增长新引擎。重点突破生态环境保护关键核心技术，形成高端新技术、新材料、新装备，引领构建技术转化应用创新体系，提升支撑生态环境治理与高质量发展的环保装备产品供给能力，壮大生态环保产业。加大环境科技创新、绿色金融创新、产业模式创新力度，加快新一代材料技术、生物技术、信息化技术与生态环保产业融合，提升生态环保产业竞争力，切实把生态环保产业的潜在市场转化为现实需求。

以更高站位、更宽视野、更大力度谋划和推进新征程生态环境保护工作*

在2023年全国生态环境保护大会上，习近平总书记从党和国家事业发展全局的高度，对以美丽中国建设全面推进人与自然和谐共生的现代化作出重大战略部署，强调必须以更高站位、更宽视野、更大力度谋划和推进新征程生态环境保护工作，谱写新时代生态文明建设新篇章。这是对我国今后一段时期生态文明建设的总体要求，对于找准美丽中国建设定位、坚定不移推进生态环境保护工作具有重要意义。

更高站位之核心就是要坚决扛起生态文明建设政治责任

生态环境是人类生存和发展的根基，直接影响文明兴衰演替，是

---

* 原文刊登于《中国环境报》2023年11月14日第3版，该文章为学习贯彻全国生态环境保护大会精神系列报道文章之一，作者：王建生，蒋玉丹，黄炳昭。

关乎人类福祉和民族未来的长远大计。习近平总书记强调，“把建设美丽中国摆在强国建设、民族复兴的突出位置”。因此，更高站位是指在理念上以国家、中华民族、人类命运共同体的视角，从长远、全局的角度去考虑和处理生态环境保护问题，在具体实践中要从新时代坚持和发展中国特色社会主义，实现强国建设、民族复兴宏伟目标的战略高度加强生态文明建设。同时，生态环境也是关系党的使命宗旨的重大政治问题，这需要我们深刻认识把握习近平生态文明思想的创新发展，对环境问题有更深入的理解，对生态价值有更深刻的认识，并在此基础上制定出符合可持续发展要求的政策和措施。

虽然生态环境保护工作关系到国家复兴、中华民族永续发展和人类命运共同体的观念已经形成广泛共识，但从形成共识到实践还需要有坚强的保障机制。其中坚决扛起生态文明建设政治责任就是保障机制的关键。政治责任就意味着各级领导干部都要做习近平生态文明思想的坚定信仰者、积极传播者、忠实实践者，从全局出发，心怀“国之大者”，自觉强化责任担当，不断提高政治判断力、政治领悟力、政治执行力，确保党中央关于生态文明建设的各项决策部署落地见效。

更高站位不是喊口号、唱高调，而是要深刻领会习近平生态文明思想的创新发展，找准生态环境保护工作的关键点、着力点，以高标准、高质量要求踏踏实实推动各项任务落地落实落细。更高站位在具体工作中主要体现在以下几个方面：

一是要认真学习习近平总书记重要讲话和全国生态环境保护大会精神，从中找方向、找方法、找思维、找遵循，转化为指导实践、推动工作的强大力量。

二是坚决落实生态文明建设“党政同责、一岗双责”，加大对党政领导干部履行生态文明建设责任的考核力度，确保到 2035 年“广泛形成绿色生产生活方式，碳排放达峰后稳中有降，生态环境根本好转，美丽中国目标基本实现”的目标任务圆满实现。

三是围绕“推动绿色发展，促进人与自然和谐共生”的重大部署将环保工作纳入国家战略和发展规划中，确保其得到充分的重视和支持。

更宽视野之要义就是要从全局、长远和构建人类命运共同体的角度来看待处理环境问题

习近平总书记在 2023 年全国生态环境保护大会上的重要讲话深刻阐述了“四个重大转变”“五个重大关系”“六项重大任务”“一个重大要求”，对全面推进美丽中国建设的战略任务和重大举措进行了系统部署。落实这些要求和部署，我们必须以更宽视野来谋划和推进新征程生态环境保护工作。更宽视野主要体现在以下方面。

一是立足新发展阶段、贯彻新发展理念、构建新发展格局，从关注解决生态环境问题一域拓展到服务经济社会发展全局。

二是紧紧围绕建设美丽中国、促进人与自然和谐共生、实现生态环境质量改善由量变到质变、不断满足人民群众优美生态环境需要的角度不断丰富工作内容，从关注传统的生态环境问题拓展到气候变化应对、生物多样性保护、新污染物治理、环境健康风险管控等更多领域。

三是不仅要关注当前的环境保护问题，也要看到未来的发展趋势和可能的挑战，从着力解决当前突出生态环境问题入手拓展到注重点面结合、标本兼治，实现系统治理。

四是要统筹各领域资源，汇聚各方面力量，从主要依靠环境保护工作队伍拓展到动员全社会参与，调动一切可以调动的力量投入到美丽中国建设中来。

五是要放眼世界，承担大国责任、展现大国担当，由主要着眼于解决中国自身问题拓展到引领全球环境治理和构建人类命运共同体，加强与国际组织和其他国家在生态环保领域的交流与合作，共同应对全球生态环境挑战。

更宽视野不是要求面面俱到，“眉毛胡子一把抓”，而是要将系统观念贯穿于生态环境保护工作各方面、全过程。只有视野宽了才能做到系统治理。更宽视野必然要求站在更长远的角度考虑生态环境保护工作，坚决摒弃以牺牲生态环境换取一时一地经济增长的做法，在绿色转型中推动发展实现质的有效提升和量的合理增长。

同时，充分发挥生态环境保护引领、优化和倒逼作用，统筹产业结构调整、污染治理、生态保护、应对气候变化，协同推进降碳、减污、扩绿、增长，以生态环境高水平保护推动经济高质量发展、创造高品质生活。随着气候变化应对、生物多样性保护、新污染物治理、环境健康风险控制等新问题、新需求的出现，众多新领域的工作需要扩展和加强。

推动构建人类命运共同体，是习近平总书记着眼人类发展、深刻把握世界大势提出的中国理念和中国方案，充分体现了中国作为一个负责任大国把自身发展同世界发展紧密联系的博大胸怀和务实担当。以更宽视野来谋划和推进新征程生态环境保护工作，要求我们坚持胸怀天下，拓展世界眼光，站在对人类文明负责的高度推进生态文明建设和生态环境保护。我们要积极参与国际事务，充分发挥全球生态文明建设的重要参与者、贡献者、引领者作用，塑造中国负责任大国形象，不断提升我国在全球环境治理体系中的话语权和影响力。这既是办好我们自己的事情，又为发展中国家改变传统发展路径提供了全新选择，为解决全球环境问题贡献了中国智慧、中国方案。

更大力度之关键就是要实行最严格的制度、最严密的法治

党的十八大以来，党中央以前所未有的决心和力度抓生态文明建设，从思想、法律、体制、组织、作风上全面发力，开展了一系列根本性、开创性、长远性工作，实现了由重点整治到系统治理、由被动应对到主动作为、由全球环境治理参与者到引领者、由实践探索到科学理论指导的重大转变。可以说，我国生态文明建设从理论到实践之所以能取得历史性、转折性、全局性成效，正是采取前所未有力度的结果。

习近平总书记指出，我国经济社会发展已进入加快绿色化、低碳化的高质量发展阶段，生态文明建设仍处于压力叠加、负重前行的关键期，生态环境保护结构性、根源性、趋势性压力尚未根本缓解，污染物排放总量仍居高位，环保历史欠账尚未还清，生态环境质量稳中向好的基础还不稳固，同人民群众对美好生活的期盼相比，同建设美

丽中国的目标相比，都还有较大差距，生态环境保护任务依然艰巨。面临着剩下越来越难啃的“硬骨头”，要坚决克服畏难情绪、“躺平”思想、“差不多”心态。随着既往巨大成绩的取得，要坚决克服喘口气、松松劲、歇歇脚的想法。要想继续在生态文明建设方面取得新的重大成绩，就必须持续深入打好污染防治攻坚战，锲而不舍、久久为功，以更大力度推进各项生态环境保护工作。

更大力度不是简单地加严标准、加大处罚，更不是不管不顾用蛮力搞各种“禁止”，而是必须依靠制度、依靠法治，必须以科学决策为基础。习近平总书记强调，只有实行最严格的制度、最严密的法治，才能为生态文明建设提供可靠保障。

在顶层设计方面，以更大力度谋划和推进生态环境保护工作就是要将深化生态文明体制改革作为全面深化改革、坚持和完善中国特色社会主义制度的重要内容，构建系统完整的生态文明制度体系，坚持源头严防、过程严管、后果严惩，治标治本多管齐下，让制度成为刚性的约束和不可触碰的高压线，从而从法律和制度层面为持续加强生态环保工作提供保障。

在具体实施层面，以更大力度谋划和推进生态环境保护工作，就是要狠抓落实，持续深入打好污染防治攻坚战，坚持精准治污、科学治污、依法治污，保持力度、延伸深度、拓展广度；以更实的措施保障加快推动发展方式绿色低碳转型；着力提升生态系统多样性、稳定性、持续性；积极稳妥推进碳达峰碳中和；守牢美丽中国建设安全底线；健全美丽中国建设保障体系等六项重大任务的落实。

在督导考核层面，更大力度就是要推动中央生态环境保护督察向纵深发展，压紧压实生态文明建设政治责任，完善生态文明建设考核评价体系，实施最严格的考核问责，促进干部更好担当作为。

新征程上，要始终保持加强生态文明建设的战略定力，不动摇、不松劲，坚决扛起生态文明建设政治责任，坚决以全局、长远和构建人类命运共同体的角度来看待环境问题，坚决实行最严格的制度、最严密的法治，以更高站位、更宽视野、更大力度来谋划和推进新征程生态环境保护工作，推动美丽中国建设再上新的台阶。

以更高标准打几个漂亮的标志性战役*

2023年7月召开的全国生态环境保护大会系统部署了全面推进美丽中国建设的战略任务和重大举措，提出要“以更高标准打几个漂亮的标志性战役”，这为我们持续深入打好污染防治攻坚战，明确了具体目标、重点任务和关键举措。

“打几个漂亮的标志性战役”意义重大

攻坚战役手段是有力推动生态环境保护的重要法宝和成功经验。以习近平同志为核心的党中央聚焦突出生态环境问题，沉疴重疾用猛药，以雷霆之势推动污染攻坚，从全面打响蓝天、碧水、净土三大保卫战，到深入打好污染防治攻坚战，从以更高标准打好三大保卫战，到重点部署的八个标志性战役，以攻坚战役的手段，推动我国的

* 原文刊登于《中国环境报》2023年11月30日第3版，该文章为学习贯彻全国生态环境保护大会精神系列报道文章之一，作者：张嫱姮，王姣姣。

生态环境保护取得了前所未有的巨大成效。这充分表明了党中央推动生态环境保护的坚强决心，展现了中国特色社会主义集中力量办大事的制度优势，这是我们打赢打好污染防治攻坚战的成功密码，更是我们继续深入打好污染防治攻坚战的成功关键。

以更高标准打几个漂亮的标志性战役是污染防治攻坚战的重要内容。总体来看，我国生态环境质量由量变到质变的拐点尚未出现，生态环境保护任务依然艰巨，污染防治攻坚战还远没到喘口气、歇歇脚、松松劲的时候，必须深入打好几个标志性战役才能把环境质量改善的势头巩固住。“漂亮的标志性战役”正是实现污染防治攻坚战保持力度的“战术支撑点”。以更高标准打几个漂亮的标志性战役，就是继续把住已经取得重要成效的关隘、要塞或据点，集中优势兵力实施攻击，获得啃“硬骨头”的突破口，标本兼治，以“攻坚战”带动“持久战”，进一步推动解决环境污染和生态破坏背后深层的文化、经济、体制机制问题，赢得生态环境质量改善的战略主动乃至全局性胜利。

以更高标准打几个漂亮的标志性战役是美丽中国建设的必然要求。美丽中国是中华民族实现第二个百年奋斗目标不可或缺的必要条件，深入打好污染防治攻坚战是建设美丽中国必须打好的一场大仗、硬仗。党的二十大和全国生态环境保护大会对持续深入打好污染防治攻坚战提出了新的要求，要统筹产业结构调整、污染治理、生态保护、应对气候变化，协同推进降碳、减污、扩绿、增长，以更高标准打几个漂亮的标志性战役。“更高要求”不仅体现在要啃减污、降碳这块“硬骨头”，还要统筹考虑扩绿、增长，更好充分贯彻落实精准、科学、依法的治污方针，在全国“一盘棋”整体推进的基础上实现因地施策、避免“一刀切”。“以更高标准打几个漂亮的标志性战役”就是要求我们既注重总体谋划、系统部署，又注重抓好重点区域、重要领域和关键环节，从战略上统筹推进生态环境保护工作。各项工作任务急不得也等不得，要重点解决主要矛盾和矛盾的主要方面，抓重点、破难点、出亮点，切忌“眉毛胡子一把抓”，以重点突破带动全局工作提升。

“漂亮的标志性战役”体现在哪里

“以更高标准打几个漂亮的标志性战役”是深入打好污染防治攻坚战的最新要求，“漂亮”就是要在完成各项既定任务的基础上，产生更大的民生福祉、花费更小的经济成本、实现更多的社会效益，就是要多快好省地实现生态环境质量根本好转。“标志性”就是要在重点区域、重点领域实现重大进展、重大成效、重大突破，所以“漂亮的标志性战役”应体现在以下几方面。

“漂亮的标志性战役”体现在广大人民群众有更多的安全感。随着人民群众对优美生态环境需求越来越强烈，对生态环境改善的新期待越来越高，污染防治攻坚战将从显性的新鲜的空气、干净的水、优美的环境，向隐性的环境风险和健康隐患扩展，如对人民身体健康、环境健康、环境安全带来风险和隐患的新污染物的防治等。打几个漂亮的标志性战役不仅要让老百姓实实在在看到生态环境数据的好转，更要形成生态环境质量改善的“大势所趋”，实现从量变到质变，从根本上不断提高人民群众生态环境获得感、幸福感、安全感。

“漂亮的标志性战役”体现在保护与发展有更好的协调度。高质量发展是全面建设社会主义现代化国家的首要任务。持续深入打好污染防治攻坚战的重要任务之一就是要加快推动发展方式绿色低碳转型，厚植高质量发展的绿色底色。打几个漂亮的标志性战役就是更好地坚持降碳、减污、扩绿、增长协同推进，以减污、降碳协同增效实现“开源”，以精准科学依法治污实现“节流”，把绿色低碳发展作为解决生态环境问题的治本之策，以高品质生态环境支撑高质量发展。

“漂亮的标志性战役”体现在补短板强弱项上有更明显的效果。我国社会主要矛盾已经转化为人民日益增长的美好生活需要和不平衡不充分的发展之间的矛盾，这不平衡不充分也体现在生态环境保护领域。“打几个漂亮的标志性战役”就是要在生态环境的落后地区、滞后领域、薄弱环节，实现重大突破、重大进展，形成典型的示范带动效应，从东部向西部、从城市向乡村、从技术到产业、从政策到实践、从硬件到软件，逐步实现生态环境保护领域的全地域、全领域、全链条、全覆盖，助力实现乡村全面振兴。

“漂亮的标志性战役”体现在生态环境治理水平更具现代化。党的十八大以来，我们逐步建立健全党委领导、政府主导、企业主体、社会公众共同参与的现代生态环境治理体系，生态环境治理水平显著提高，为深入打好污染防治攻坚战奠定了坚实基础。打几个漂亮的标志性战役必须进一步统筹各领域资源，汇聚各方面力量，打好法治、市场、科技、政策“组合拳”，采用更系统的战术、更精准的举措、更周密的安排、更灵活的打法，完善生态环境保护领导体制和工作机制，加快构建现代环境治理体系，提高生态环境治理现代化水平。

打哪几个漂亮的标志性战役

新征程上，围绕美丽中国建设，我们必须以更高站位、更宽视野、更大力度来谋划和推进生态环境保护工作，锚定“十四五”乃至更长时期生态文明建设和生态环境保护的远景目标，持续深入打好污染防治攻坚战，聚焦重点区域、重点领域、关键环节、关键指标，以更高标准打几个漂亮的标志性战役，将美丽中国蓝图一步一步变为现实。

一是聚焦重点区域打几个漂亮的标志性战役。长期以来，不平衡不充分的发展使我国地区间存在较大的地域差异，也积累较多的环境欠账和生态问题。随着工业化、城镇化的进一步深入发展，本就脆弱的生态本底将承载较大资源环境压力。我们要紧盯国家重大发展战略落实，服务社会主义现代化建设，扎实推进京津冀及周边地区打好重污染天气消除攻坚战；为长三角和珠三角等重大战略区域和重点流域高质量发展提供高品质生态环境支撑，打好长江保护修复攻坚战，有效恢复长江水生生物多样性；打好黄河生态保护治理攻坚战，充分考虑黄河上中下游的差异性，有效保障上中游水质和干支流的生态流量。

二是聚焦重点领域打几个漂亮的标志性战役。我国生态环境保护结构性、根源性、趋势性压力尚未根本缓解，生态环境质量从量变到质变的拐点还没有到来。2022 年我国 PM2. 5 和臭氧浓度分别为 29 微克/立方米、145 微克/立方米，相比世界卫生组织确定的人体健康目标值（5微克/立方米、60微克/立方米）仍有较大差距，群众反映强烈的城市噪声油烟、黑臭水体、农村人居环境以及逐渐显现的臭氧污染等问题，都是攻坚的重要内容。我们要坚持问题导向、环保为民，围绕臭氧污染防治、柴油货车污染治理、城市黑臭水体治理、重点海域综合治理、农业农村污染治理等重点领域持续深入发力，加快攻坚突破，敢闯"深水区"、敢啃"硬骨头"，探索首创性、差异化方式方法，加强典型案例复制推广，蹄疾步稳打造更多污染防治攻坚战的标志性成果，为美丽中国建设注入强大动力。

三是聚焦关键环节打几个漂亮的标志性战役。当前，美丽中国蓝图已经绘就，任务已经明确，重要的是聚焦关键环节抓好落实。我们要坚持和加强党对美丽中国建设的全面领导，继续发挥中央生态环境保护督察利剑作用。全面强化生态环境法治保障，围绕提升生态环境监管执法效能、建立完善现代化生态环境监测体系、构建服务型科技创新体系等方面，紧紧扭住关键环节的改革攻坚，实施一批具有重大牵引作用和"破冰效应"的改革举措，通"堵点"、解"难点"、消"痛点"，统筹各领域资源、汇聚各方力量，打好法治、市场、科技、政策"组合拳"，着力提升生态环境治理现代化水平。

四是聚焦关键指标打几个漂亮的标志性战役。"十三五"的阶段性指标任务基本都超额完成，要进一步推动污染防治攻坚战走深走实，就要在"指标任务"上做文章。不仅要继续延续"十三五"关于大气、水、土壤等污染防治指标，还要加大有助于推动减污、降碳协同增效，整体推动美丽中国建设，人民群众更有获得感等方面的指标完成力度。例如，到2025年全国重度及以上污染天数比率控制在1%以内、县级城市建成区基本消除黑臭水体、长江流域总体水质保持为优、黄河干流上中游（花园口以上）水质达到Ⅱ类、农村生活污水治理率达到40%等。用人民群众看得见、摸得着的变化去诠释漂亮的标志性战役，用人民群众感受最真、体会最深的获得感、幸福感、安全感去检验这些标志性战役的丰硕成果。

以发展方式绿色转型为引擎
着力推动高质量发展*

党的二十大报告明确指出，推动经济社会发展绿色化、低碳化是实现高质量发展的关键环节。2022 年中央经济工作会议要求，坚持稳中求进工作总基调，推动经济社会发展绿色转型，协同推进降碳、减污、扩绿、增长。如何发挥好发展方式绿色转型的引擎作用，着力推动高质量发展，推动经济运行整体好转，实现质的有效提升和量的合理增长，是新征程上加强生态文明建设、建设美丽中国的重大课题。

加快推动经济社会发展绿色化、低碳化转型

推动绿色低碳发展是国际潮流所向、大势所趋，绿色经济已经成为全球产业竞争制高点。习近平总书记指出，绿色循环低碳发展是当今时代科技革命和产业变革的方向，是最有前途的发展领域。必须完

* 原文刊登于《中国经济时报》2023 年 1 月 5 日第 4 版，作者：俞海。

整、准确、全面贯彻新发展理念，要更好统筹经济社会发展和生态环境保护，以实现减污、降碳协同增效为总抓手，更加自觉地推进绿色发展、循环发展、低碳发展，科学把握绿色发展与经济增长的平衡点，在促进经济社会发展全面绿色转型上展现新作为。

要优化结构调整。发展绿色低碳产业，狠抓传统产业改造升级和战略性新兴产业培育壮大，在落实碳达峰碳中和目标任务过程中锻造新的产业竞争优势。深入推进能源革命，加快规划建设新型能源体系，推动能源清洁低碳高效利用。改变传统运输工具的能耗和排放方式，发展以新能源为主导的运输装备产业。

要扩大绿色市场。健全资源环境要素市场化配置体系，建设全国统一的能源市场和排污权、用能权、用水权交易市场。发展绿色金融，引导金融机构加大对绿色发展的支持力度。提高绿色供给能力，创新绿色消费场景，形成一批绿色新产品、新业态、新模式，助力供给侧结构性改革。增强绿色消费能力，引导消费绿色农产品、绿色家电、绿色服装，鼓励绿色出行，提倡绿色居住。

要加强政策保障。完善支持绿色发展的财税、金融、投资、价格政策和标准体系。完善碳排放统计核算制度，健全碳排放权市场交易制度。实施全面节约战略，推进各类资源节约集约利用，加快构建废弃物循环利用体系。强化科技政策落地实施，加快节能降碳、碳捕集利用和封存等绿色先进技术的研发应用。

提振发展方式绿色转型的信心和决心

爬坡过坎，关键是提振信心。2022 年召开的中央经济工作会议强调，我国经济韧性强、潜力大、活力足，各项政策效果持续显现，2023 年经济运行有望总体回升，要坚定做好经济工作的信心。发展方式绿色转型是构建高质量现代化经济体系的必然要求，必须坚定走好生态优先、节约集约、绿色低碳发展之路的信心。这一信心源自以习近平同志为核心的党中央坚强领导，源自习近平生态文明思想的科学指引，源自绿色、循环、低碳发展迈出坚实步伐。新时代十年我国以年均 3%的能源消费增速支撑了年均 6%的经济增长，表明坚持绿色发展是立足我国经济社会发展实际作出的必然选择，是行得通的经济发展战略路径。

坚持发展方式绿色转型，推动确保经济稳步提升，面临的困难挑战依然很多。必须坚持党的全面领导。坚持党的全面领导是坚持和发展中国特色社会主义的必由之路。要深刻领悟“两个确立”的决定性意义，不断增强“四个意识”、坚定“四个自信”、做到“两个维护”，牢记“国之大者”，始终保持加强生态文明建设的政治定力和战略定力。必须坚持人民至上。发展经济是为了民生，保护生态环境同样也是为了民生。推动发展方式绿色转型要始终坚持以人民为中心的发展思想，正确处理保护生态环境与促进经济发展的关系，让人民群众在获得经济红利的同时享受绿水青山带来的自然之美。必须坚持系统观念。发展方式绿色转型涉及经济、政治、文化、社会、生态环境等多个领域，是一个复杂的系统工程。要更加注重系统观念的科学运用和实践深化，统筹发展与安全，统筹产业结构调整、污染治理、生态保护、应对气候变化，协同推进降碳、减污、扩绿、增长，在多重目标中寻求探索最佳平衡点，在安全降碳的前提下促进绿色低碳转型发展。

顺应自然、保护生态的绿色发展昭示着未来。新征程上，我们要深入学习贯彻落实习近平经济思想和习近平生态文明思想，更好统筹经济社会发展和生态环境保护，坚持可持续发展，坚定不移走生产发展、生活富裕、生态良好的绿色发展道路。

向“绿”而行，我们做得怎么样*

习近平总书记在2023年7月召开的全国生态环境保护大会上强调，要加快推动发展方式绿色低碳转型，坚持把绿色低碳发展作为解决生态环境问题的治本之策，加快形成绿色生产方式和生活方式，厚植高质量发展的绿色底色。

当前，在全球应对气候变化的大背景下，推动生活方式绿色化已经成为世界各国普遍关注的问题。我国也已将“广泛形成绿色生产生活方式”作为2035年基本实现社会主义现代化远景目标之一，发布了一系列推动绿色生活方式的法律法规、政策规范等，形成更加科学成熟的绿色生活宏观政策布局，推动全社会生活方式绿色转型加速。

在践行绿色生活方式方面，我国公众做得如何？2023年6月26日，生态环境部环境与经济政策研究中心发布《中外公众绿色生活方式比较研究报告》，在总结分析我国绿色生活方式和实践现状的基

---

* 原文刊登于《光明日报》2023年7月22日第7版，作者：《中外公众绿色生活方式比较研究》课题组。

础上，对中外公众绿色生活方式和行为状况进行了比较，并结合我国实际和国际国内典型经验做法提出对策建议，以期为环境决策提供参考，也为助力我国公众生活方式绿色转型提供借鉴。

践行绿色生活方式的社会风尚逐渐形成

从实践看，越来越多的公众向“绿”而行，成为美丽中国行动者，积极践行简约适度、绿色低碳、文明健康的生活和消费方式。结合生态环境部环境与经济政策研究中心《公民生态环境行为调查报告（2022年）》及历年相关调查报告，当前我国公众践行绿色生活方式的主要特点和趋势如下：

（1）公众普遍具备较强的环境行为意愿。调查结果显示，80%以上的受访者愿意践行各类绿色生活行为。其中，社会组织或社会团体工作人员、一线城市居民的行为意愿整体高于其他群体。

（2）在节水节电节能、呵护自然生态、减少污染产生、选择低碳出行等低成本、容易践行、经济和环境效益明显的领域，多数公众践行度较高，基本能够做到“知行合一”。调查结果显示，多数受访者已经养成良好的节水节电习惯。近80%受访者能够在多数情况下“及时关闭不使用的电器、电灯”或“刷牙或打肥皂时关闭水龙头”，超过60%受访者会在多数情况下将“夏季空调温度设置不低于26℃”。减少污染产生方面，82.1%受访者能在多数情况下做到“居家或公共场所控制音量不干扰他人”，74.5%受访者能在多数情况下“不燃放烟花爆竹”。低碳出行方面，75.3%的受访者在多数情况下能做到“前往较近的地点时，选择步行或骑自行车、电动车”。

（3）在绿色消费、垃圾分类等社会制度体系不完善、需系统化统筹推进的领域，公众践行程度有所提升，但仍有较大改进空间。调查结果显示，公众绿色消费意愿较强，多数人能在食品、服装、电子产品方面做到适度消费，但也存在不同程度的浪费现象，23.3%的受访者“家中食品经常因为过期而被丢弃”，25.8%的受访者“经常购买很多衣服、鞋子却不常穿”，22.2%的受访者在旧的电子产品还能正常使用的情况下就会更换新款。环保产品选购方面，超过 60%受访者能在多数情况下做到“购买食品、家用电器时，选择有绿色产品认证或节能标志的产品”。垃圾分类方面，受政策驱动影响，近年来公众在垃圾分类方面进步明显，各种垃圾分类投放的公众践行程度均在 60%以上。

（4）在参加生态环境志愿服务等方面，公众表现出较高的积极性和参与度，但仍面临一定阻碍因素。调查结果显示，43.3%的受访者参加过生态环境志愿服务活动，主要通过社区（22.7%）、社会组织（12.0%）、政府（10.3%）等渠道参与，参与类型以绿色低碳实践活动（21.5%）以及生态环境宣传教育和科学普及活动（19.8%）为主。公众参与生态环境志愿服务面临的最大阻碍是不知道如何参与，其他阻碍还包括培训保障不足、活动没有吸引力、缺乏有效的激励反馈和活动组织不规范等。

我国公众在部分领域的践行程度优于欧美

综合考虑中西方文化习惯差异及绿色生活方式的关键行为指标，

主要对节约能源、绿色消费、垃圾分类、绿色出行四方面进行比较分析，重点选取美国、英国、欧盟（如法国、德国等）、日本、澳大利亚等发达国家和地区作为比较对象，结果发现，中外公众的绿色生活行为水平存在显著差异，具体表现为：

（1）中国居民人均年度生活用电量总体偏低，在践行能源节约方面表现较好。2020 年，加拿大、美国的人均年度生活用电消耗量位居全球前列，均超过 4000 千瓦时；法国、日本、英国、德国等国家居民人均年度用电消耗量为中等偏上，均超过 1500 千瓦时；中国居民人均年度用电消耗量偏低，为 808 千瓦时，在节约能源方面表现较好。其中，美国居民人均年度用电量远高于全球平均水平，约为中国的 5.5 倍。

（2）各国公众的绿色消费水平不一，食物浪费具有普遍性，但中国人均肉类、服装、生活用纸消费量明显更低。食物浪费方面，美国、法国、澳大利亚等国家的人均食物浪费严重。肉类消费方面，相较于美国、澳大利亚、加拿大等发达国家，中国人均肉类消费量较低。服装消费方面，中国人均购买量和服装单价都更低，远低于美国、英国、日本等国家。生活用纸消费方面，中国人均生活用纸量更少，花费金额更少，远低于美国、英国等发达国家。

（3）中国人均生活垃圾产生量相对较低，分类及回收利用与部分发达国家存在一定差距。中国人均日产垃圾量约为美国的三分之一，不足加拿大、德国、法国的二分之一；中国生活垃圾分类及回收利用总体水平与日本、德国等国家存在一定差距，与美国差距不大。

（4）中国公众绿色出行表现更好，新能源车总体购买情况呈显著上升趋势。公共交通使用方面，调查数据显示，中国重点城市公众在过去几年增加绿色出行的比例更高，使用共享交通工具出行的比例也更高。新能源车购买方面，2022 年中国新能源汽车销量占本国汽车总销量的比值（25.6%）低于瑞典（56.1%）、德国（31.4%），高于英国（22.8%）、法国（21.6%）、美国（5.8%），也高于全球平均水平（14.0%）。

总体而言，各国公众生活方式的绿色化水平存在较大差异。中国在部分领域生活方式绿色化具有显著比较优势，属于“优等生”，如节约能源、绿色出行等，但在践行绿色消费（如食物浪费）、垃圾分类等方面属于“普通生”，尤其是“知行合一”等方面仍有较大可提升空间。

推动生活方式绿色化的对策与建议

党的二十大报告强调，倡导绿色消费，推动形成绿色低碳的生产方式和生活方式。客观而言，推动形成绿色生活方式不能一蹴而就，因为涉及老百姓的衣食住行游，涉及消费、生产、服务、流通等多个领域，涉及政府、企业、社会等各类主体，涉及价值观念、社会转型等方方面面。基于我国实际及国际国内对比分析，提出如下对策与建议：

（1）开展公众绿色低碳行为调查与评价。研究构建评价指标体系和方法，开展问卷调查，对全国公众绿色低碳行为践行状况开展评价与测度，为决策提供支撑。

（2）推动完善绿色消费相关制度供给。健全绿色生态产品和服务的标准体系与绿色标识认证体系，制定经济激励政策（如减免税收、财政补贴等），鼓励各类资本进入绿色产品的生产供给领域，制定和发布绿色低碳产品清单和购买指南，为绿色产品的供给和消费创造条件。

（3）推动构建更加友好的绿色出行服务体系。定期调查与评估公众绿色出行情况，识别公众绿色出行的差异化需求与堵点问题；强化绿色出行信息服务，推动绿色出行“供需对接”；建立公众意见反馈机制，畅通公众参与渠道。

（4）探索建立垃圾分类激励引导机制。线上利用碳普惠 App 等多种“碳账户”场景，推动垃圾分类等纳入个体行为碳核算；线下探索垃圾分类超市、积分制等，引导公众积极参与垃圾分类。同时，结合城市、地域、群体特点，制定差异化的垃圾分类宣教策略，强化垃圾分类责任意识宣传。

（5）研究制定绿色生活指南。针对不同主体、不同场景制定具体绿色生活指南，如社区绿色生活指南、学校绿色生活指南、公共场所环境行为指南等。

（6）以志愿服务带动生活方式绿色化。围绕公众绿色低碳生活方式转型的重点领域，策划和培育相关主题志愿服务品牌项目，带动更多公众参与践行绿色低碳生活方式。

努力绘就美丽中国建设的省域精彩篇章

——关于浙江生态省建设的调研报告*

生态省建设是习近平同志在浙江工作期间亲自谋划、亲自部署、亲自推动的一项重大战略决策和“一项事关全局和长远的战略任务”。党的十八大以来，习近平总书记始终关心浙江生态省建设，多次作出重要指示批示，强调浙江生态环境保护这条路要坚定不移走下去，使绿水青山发挥出持续的生态效益和经济社会效益，为浙江生态文明建设提供了根本遵循。通过20年的接续奋斗，浙江建成全国首个生态省，美丽浙江建设迈出重大步伐，成为展示习近平生态文明思想和美丽中国建设成果的重要窗口。

在全面贯彻党的二十大精神开局之年，在深入落实全国生态环境保护大会精神之际，习近平生态文明思想研究中心赴浙江开展专题调研，先后走访温州、丽水、金华、绍兴、湖州、杭州等6个地市及10余个村镇和企业，向党政干部、基层群众、企业负责人等座谈

---

* 原文刊登于《环境与可持续发展》2023年第4期（《习近平生态文明研究与实践》专刊2023年第2期），作者：习近平生态文明思想研究中心调研组。

了解、现场请教，收获颇丰、受益匪浅。调研组深刻感到，生态省建设是习近平同志留给浙江的宝贵财富，挖掘好、守护好、传承好蕴含其中的丰富内涵、重要思想、时代价值与领袖风范，对于推动学习贯彻习近平新时代中国特色社会主义思想特别是习近平生态文明思想，以美丽中国建设全面推进人与自然和谐共生的现代化，具有重要意义。

一、基本情况

改革开放后，浙江省经济总量由1978年的全国第十二位上升到2002年的第四位，经济年均增长率高达13%。这是一条经济快速增长的道路，也是一条拼环境、拼资源、拼能耗的传统工业化之路。“村村点火、户户冒烟”，环境污染引发的社会矛盾和经济问题进入高发时期，农村环境形势严峻，城市资源环境约束趋紧，“高消耗、高污染、高增长”的粗放型增长方式已难以为继，浙江先期遇到了保护生态环境与加快经济发展的尖锐矛盾，面临“先天的不足”和“成长的烦恼”。

如果再不注重生态环境保护，不从根本上转变经济增长方式，经济社会将难以持续发展。2003年，时任浙江省委书记习近平同志站在浙江经济社会发展全局的高度，在大量调研的基础上，结合对省情国情世情以及人类文明发展历程的深邃思考和深刻洞察，运用马克思主义立场观点方法，创造性提出“进一步发挥浙江的生态优势，创建生态省、打造‘绿色浙江’”，成为“八八战略”的重要组成部分。习近平同志把生态省建设作为绿色浙江建设的重要载体和突破口，亲自担任生态省建设工作领导小组组长，全程组织制定《浙江生态省建设规划纲要》，紧密结合浙江实际提出了一系列生态文明建设的重要理念，为浙江建设生态省、实现人与自然和谐相处指明了方向。

2003年时任浙江省委书记习近平同志作出“发挥八个方面的优势”“推进八个方面的举措”决策部署，简称“八八战略”。

一是进一步发挥浙江的体制机制优势，大力推动以公有制为主体的多种所有制经济共同发展，不断完善社会主义市场经济体制。

二是进一步发挥浙江的区位优势，主动接轨上海、积极参与长江三角洲地区合作与交流，不断提高对内对外开放水平。

三是进一步发挥浙江的块状特色产业优势，加快先进制造业基地建设，走新型工业化道路。

四是进一步发挥浙江的城乡协调发展优势，加快推进城乡一体化。

五是进一步发挥浙江的生态优势，创建生态省，打造“绿色浙江”。

六是进一步发挥浙江的山海资源优势，大力发展海洋经济，推动欠发达地区跨越式发展，努力使海洋经济和欠发达地区的发展成为浙江经济新的增长点。

七是进一步发挥浙江的环境优势，积极推进以“五大百亿”工程为主要内容的重点建设，切实加强法治建设、信用建设和机关效能建设。

八是进一步发挥浙江的人文优势，积极推进科教兴省、人才强省，加快建设文化大省。

20多年来，浙江历届党委政府坚定不移沿着习近平同志指引的道路砥砺前行，采取一系列战略性举措，推进一系列变革性实践，取得一系列改变浙江、影响深远的突破性进展，形成一批引领全国、引领时代的标志性成果，推动浙江在经济社会各领域各方面都发生了历史性的飞跃。

一是实现了从“制约的疼痛”到绿色发展走在前列、生态成为浙江高质量发展重要动力的巨大飞跃。率先发展的浙江面临缺地、缺电、缺水的窘境，资源供给不足、生态环境压力增大等问题制约着高质量发展。经过20多年的努力，浙江绿色发展综合得分居全国各省份前列，美丽经济成为经济社会可持续发展新的增长点，绿色成为高质量发展最靓丽最厚重的底色。循环经济“991”行动计划升级版有序推进，六大重污染高能耗行业整治提升全面完成，新旧动能得到有效转换。2022年，全省万元国内生产总值能耗、水耗分别较2002年下降63.8%、91.7%。“两山合作社”实现山区26个县全覆盖。浙江以占全国1%的土地、4%的人口、4%的二氧化碳排放量，创造了全国6.26%的国内生产总值。调研了解到，湖州关停大批印染、蓄电池“小散乱”企业，产值和效益倍增，真正在“腾笼换鸟”中实现“凤凰涅槃”。全省生态经济化水平持续提高，“丽水山耕”等一系列高附加值品牌走红市场，开化-桐乡等一批山海协作生态旅游文化产业园迅速成长，以淳安下姜村、安吉余村为代表的万千乡村不断创新发展模式，培育农林采摘、精品民宿、研学培训等新业态，如星辰闪耀成为美丽经济发展“引力场”。

二是实现了从“成长的烦恼”到生态环境质量走在前列、成为人民美好生活增长点的巨大飞跃。曾经的浙江污泥浊水并不少见，环境污染问题突出，生态系统破坏严重。经过20多年的努力，一系列污染防治攻坚行动稳步推进，四轮“811”生态环保活动顺利收官，“五水共治”成为全国治水典范，全域“无废城市”建设形成品牌效应，一批老百姓身边的突出生态环境问题得到解决，金华市向水晶产业“开刀”，“黑臭河”“牛奶河”再无踪影；台州市将“化工一条江”转化为“最美母亲河”，生态绿道串联起山水田园……浙江空气质量在全国重点区域率先达标，2022年设区城市PM2.5平均浓度从2002年的61微克/立方米降到24微克/立方米，省控以上断面优良水质比例由2002年的42.9%提高到97.6%，重点建设用地安全利用率保持100%，总体环境质量稳居长三角第一、改善幅度全国领先，生态环境公众满意度连续11年持续提升，涉环境信访投诉量连续7年下降，实现国家污染防治攻坚战成效考核、生态环境公众满意度评价“两个第一”。浙江的天更蓝、地更绿、水更清，卷羽鹈鹕、中华秋沙鸭、香鱼等“稀客”纷纷回归，人民群众幸福感、获得感明显提升。

三是实现了从城乡生态环境治理不平衡到美丽乡村走在前列、大美浙江全域彰显的巨大飞跃。20多年前，浙江广大县城农村建设明显滞后、环境脏乱不堪，“垃圾靠风刮、污水靠蒸发、室内现代化、室外脏乱差”成为当时农村的常态。经过20多年的努力，“千万工程”持续深入实施，美丽城市、美丽城镇、美丽乡村建设一体推进，全省域整体大美图景逐步呈现。县、乡、村、户的“四级联动”和美丽乡村“五美联创”持续推动美丽乡村建设走深走实，农村环境“三大革命”不断迭代升级，小城市培育、特色小镇创建、小城镇环境综合整治、“百镇样板、千镇美丽”工程建设等组合拳持续出招，城乡基础设施建设一体化推进，城乡风貌得到整体提升。全省生活垃圾实现“零增长、零填埋”，城镇生活垃圾无害化处理率达到100%，基本实现城镇生活垃圾分类全覆盖、规划保留村生活污水有效治理全覆盖、农村卫生厕所全覆盖，1191个小城镇基本消除脏、乱、差现象。全省美丽乡村覆盖率达93%，农村人居环境整治测评全国第一。

四是实现了从制度保障不足到生态文明制度创新走在前列、用法治思维法治方式建设生态文明的巨大飞跃。制度是生态文明建设的重要保障，起初浙江生态文明建设领域相关法规制度也存在不少薄弱点和空白区，法治实施体系不够高效，法治监督体系不够严密，法治保障体系不够有力。经过20多年的努力，浙江生态文明制度体系逐渐构建完备，数字赋能创新变革，生态文明治理体系不断迭代，生态环境治理效能整体跃升。全面搭建生态文明制度“四梁八柱”，生态环境保护领域“1+N”法规体系基本形成。首创四级生态环境状况报告制度，率先推行河湖长制、林长制等制度，在全国最早推行排污权、水权、用能权等资源环境有效使用制度，成为全国首个生态环境数字化改革试点省，建成涵盖50万家企业、归集170亿条数据的生态环境数据仓，生态文明智治、法治、共治特色之路越走越宽。

五是实现了从生态文化尚未在全社会扎根到共建共治共享走在前列、生态环境保护成为全社会自觉自为的巨大飞跃。改革开放后，生态文明理念在浙江也是处于社会主流意识边缘，环保工作往往是“讲起来重要、干起来次要、忙起来不要”，企业超标、偷排、漏排导致污染情况时有发生。经过20多年的努力，绿水青山就是金山银山理念成为全省上下共识，社会齐抓共管、共建共享的良好格局初步形成。组织六五环境日浙江主场活动等生态环境主题宣传，开展环保设施公众开放、生态文明与环境保护公益巡回演出、全民生态运动会等系列主题活动。全省环境保护宣传教育普及率达到 90%以上，中小学环境教育普及率达到 100%。公众参与积极性不断提升，“环境保护公众参与”的嘉兴模式入选中国推动环境保护多元共治典范案例，“嘉兴经验”写入了联合国发布的《绿水青山就是金山银山：中国生态文明战略与行动》报告。截至 2022 年，累计创成国家生态文明建设示范区 42 个、“绿水青山就是金山银山”实践创新基地 12 个，两项数量均居全国第一。

六是实现了从与发达国家差距较大到发挥生态环境国际合作和竞争新优势走在前列、以“浙江之窗”展示中国之美的巨大飞跃。20 世纪末浙江已经意识到生态环境的重要性并付诸行动，但与发达国家相比，浙江在生态环境管理模式、科技支撑等方面依然是滞后的。经过 20 多年的努力，浙江创造了举世瞩目的绿色发展奇迹，对标联合国可持续发展目标（Sustainable Development Goals，SDGs）评价体系，排名相当于全球 24 位，生态环境治理和保护水平处于国际先进水平，赢得了国际社会的高度认可和广泛关注。成功承办世界环境日全球主场活动，“千万工程”荣获联合国最高环保荣誉“地球卫士奖”，湖州被授予生态文明国际合作示范区，《生物多样性公约》第十五次缔约方大会期间举办“浙江日”活动，浙江生态文明建设的知名度影响力显著提升。联合国环境规划署前执行主任埃里克·索尔海姆（Erik Sotheim）参观走访浙江时感叹：“在浙江看到的，就是未来中国的模样，甚至是未来世界的模样！”

二、主要经验做法

20 年多来，习近平同志始终关心支持美丽浙江建设，总在关键时刻提要求、出思路、教方法。浙江牢记嘱托，沿着习近平同志指明的方向，奋力拼搏、闯关探路，逐渐探索出一条经济转型升级、资源高效利用、环境持续改善、城乡均衡和谐的绿色高质量发展之路，形成一系列务实管用、富有成效的经验做法。

（1）坚持对标追随、循迹笃行的政治自觉，始终把习近平同志的战略擘画作为根本遵循。习近平同志在浙江工作期间，开创性提出“绿水青山就是金山银山”“生态兴则文明兴、生态衰则文明衰”等科学论断，深刻阐明了发展与保护、历史与现实的辩证统一关系。作为习近平生态文明思想的重要萌发地，浙江各级党政干部和全省人民内化于心、外化于行，始终坚持一体学习、一体领悟，坚持讲好绿水青山就是金山银山的故事，持续擦亮这一重要思想发源地的金字招牌。围绕习近平生态文明思想的科学内涵，组织研究阐释、开展溯源工程，打造学习、宣传、实践习近平生态文明思想的重要阵地。深入开展“循迹溯源学思想促践行”活动，教育全省党员干部自觉当好习近平生态文明思想坚定信仰者、积极传播者、忠实实践者的排头兵。

（2）坚持生态良好、生产发展的辩证统一，始终把绿水青山就是金山银山理念作为高质量发展的重要指引。习近平同志在浙江工作期间强调，我们既要金山银山，又要绿水青山，绿水青山就是金山银山；生态优势变经济优势，这是一种更高的境界。这些年来，浙江深入践行绿水青山就是金山银山理念，坚持生态优先、绿色发展，治调结合倒逼产业转型升级，实施“腾笼换鸟、凤凰涅槃”，推进循环经济“991”升级版。打造绿色低碳产业体系，已形成年产值超千亿新兴产业集群 10 个、超百亿 80 多个。深入推进减污、降碳协同创新区建设，推动省级以上制造业类产业园区全部实施循环化改造。发布全国首部省级生态系统生产总值（GEP）核算标准，率先探索生态产品价值实现机制。大力发展乡村旅游、休闲农业、文化创意等新产业新业态，持续开展“山海协作”，推进区域协调发展、实现绿色共同富裕，绿水青山就是金山银山的金字招牌持续擦亮。

（3）坚持规划引领、抓手牵引的方法策略，始终把战略性举措作为牵一发而动全身的关键载体。习近平同志在浙江工作期间指出，规划是生态省建设的龙头，必须高度重视规划的编制和实施工作；生态省建设要突出重点，选择重点领域和重点区域进行突破，脚踏实地、循序渐进地加以推进。浙江坚持以“八八战略”为总纲，紧盯生态省规划纲要目标不动摇，注重加强规划实施管理，提升规划落实质量，每年编制生态省建设发展报告。紧密结合发展形势，及时调整规划策略，从“绿色浙江”到“生态浙江”再到“美丽浙江”，层层递进、不断深化。在落实规划过程中，非常重要的一条经验做法就是，必须找准牵一发而动全身的突破性举措和战略性抓手。历届省委省政府坚持以“991”行动计划和“4121”工程为抓手，大力发展循环经济；坚持实施“千万工程”和全域大花园建设，推进农村环境综合整治，统筹城乡全域美丽，不断深化美丽建设内涵；坚持实施“811”系列行动和污染防治攻坚战，打出“五水共治”组合拳，全面提升自然生态和人居环境质量。

（4）坚持制度为本、改革驱动的体系支撑，始终把完善环境治理体系作为重要保障。习近平同志在浙江工作期间强调，建设生态省，需要法治的规范、引导和保障。浙江坚持下好改革创新的先手棋，根据不同发展阶段不断深化生态文明制度改革和政策创新。以制度创新驱动改革深化，大力推行“最多跑一次”“亩均论英雄”“区域环评+环境标准”等系列改革，持续深化土地、水电气、环境资源、金融等要素配置改革。以法治创新护航生态省建设，用好地方环境立法权，构建起以《浙江省生态环境保护条例》为核心的“1+N”生态环境地方法规规章体系。以数字化改革引领、撬动、赋能生态文明体制改革，首创社会化、专业化、智能化环境污染问题发现机制，率先开发浙江环境地图，在全国率先建成运行生态环境保护综合协同管理平台，推动生态环境治理效能整体跃升。

（5）坚持公众参与、自觉自为的全民行动，始终把充分调动广大群众的积极性和创造性作为重要手段。习近平同志在浙江工作期间强调，建设生态省，必须紧紧依靠人民群众，充分调动广大群众的积极性和创造性，营造全民参与生态省建设的良好氛围。浙江一以贯之大力培育和弘扬生态文化，积极倡导生态文明新风尚，推动生态环保人人参与、人人担责，形成久久为功的全民行动。推进绿色理念进万家，弘扬生态文明道德规范，把环保行为规范写入乡规民约，以设立“生态日”等多种形式在全社会开展生态文化教育。深入开展生态示范创建、环保模范城市创建等活动，营造以绿色社区、绿色家庭、绿色企业、绿色学校、绿色医院等“绿色细胞”为主体的绿色生态文化，倡导以绿色消费、绿色出行、垃圾分类等为内容的绿色生活方式。不断创新公众参与模式，培养民间环保社团和志愿者，主动接受社会监督。

（6）坚持勇于担当、勇立潮头的使命担当，始终把坚决扛起生态文明政治责任作为干在实处、走在前列的具体体现。习近平同志在浙江工作期间指出，党政“一把手”是本辖区生态省建设的第一责任人，必须对生态省建设全面负责；不重视生态建设的领导，不是一个好领导。浙江历任主要领导都按照习近平同志当年定下的工作推进机制，担任美丽浙江建设工作领导小组组长，每年召开领导小组会议和全省推进大会，强化党对生态省建设的全面领导。牢固树立“国内生产总值快速增长是政绩，生态保护和建设也是政绩”的政绩观，落实好领导干部“党政同责、一岗双责”的要求，做到守土有责、守土尽责、分工协作、共同发力。优化政绩考评体系，在全国最早探索建立生态环境保护责任落实机制，全面建立部门责任清单，探索实行党委（党组）书记生态环保工作述职制度，强化党政领导干部生态损害赔偿责任追究机制，促使全省上下形成党委政府领导，人大、政协推动，相关部门协同，社会公众参与的一体化工作格局。

三、感悟与启示

通过调研，我们深刻感受到，浙江生态省建设之所以取得突出成效，最根本在于习近平同志的战略擘画和关怀指导，在于习近平生态文明思想的科学指引。必须更加深刻领悟“两个确立”的决定性意义，增强“四个意识”、坚定“四个自信”、做到“两个维护”，深入研究习近平生态文明思想的丰富内涵、精髓要义与时代价值，切实把浙江生态省建设的经验总结提炼好、学习运用好，把握蕴含其中的习近平新时代中国特色社会主义思想的世界观和方法论，不断转化为推进中国式现代化建设的思路举措和具体成效。

（1）生态省建设充分彰显了习近平同志的深厚情怀和习近平生态文明思想的真理伟力，必须深刻领悟“两个确立”的决定性意义，加快推动人与自然和谐共生的现代化。生态省建设源于习近平同志对历史负责、对人民负责、对子孙后代负责的深厚家国情怀、人民情怀、生态情怀。离开浙江后，习近平同志多次对浙江生态省和生态文明建设给予关怀、作出指示、提出要求。浙江牢记习近平同志谆谆教诲和战略擘画，推动浙江城乡秀美、处处如画、步步见景、绿富共进，人与自然和谐共生的美丽浙江迈出重大步伐、生态成为发展的新优势。浙江生态省的实践，生动体现了习近平同志高远的历史站位、坚定的人民立场、宽广的国际视野、高超的战略智慧，生动诠释了习近平生态文明思想的真理伟力，生动展现了习近平同志马克思主义政治家、思想家、战略家的领袖风范。新征程上，必须深刻领悟“两个确立”的决定性意义，更加自觉地深入学习贯彻习近平生态文明思想，加快建设人与自然和谐共生的中国式现代化，协同推进人民富裕、国家富强、中国美丽。

（2）良好生态环境是人民美好生活的重要方面和迫切需要，必须坚持人民立场，增强不断满足人民对美好生态环境需要的使命感责任感。生态环境在人民群众生活幸福指数中的地位不断凸显，人民群众对生态环境保护提出更多期盼、更高要求，这是发展的必然趋势。20 年多来，浙江把解决突出生态环境问题作为民生优先领域，作为惠民生、暖民心、顺民意的重大工程来抓，着力提升生态环境质量，着力改善人民生产生活环境，把青山绿水、美好家园奉献给人民群众，使广大人民群众有更多获得感、幸福感、安全感、自豪感。实践证明，生态文明建设能够明显提升老百姓获得感，老百姓体会也最深刻。新征程上，必须更加深刻领悟发展是为了谁，站稳人民立场、尊重人民意愿，把让人民群众在绿水青山中共享自然之美、生命之美、生活之美作为使命宗旨，提供更多优质生态产品，使人民群众的获得感成色更足、幸福感更可持续、安全感更有保障。

（3）生态文明建设是事关发展全局的系统工程，必须坚持系统观念、全局思维，站在人与自然和谐共生的高度谋划发展。建设生态文明是一场广泛而深刻的系统性变革，事关全局、事关未来、事关各项事业的可持续发展，是一项复杂的系统工程。20 多年来，浙江把生态省建设摆在全局工作的突出位置，坚持生态优先、绿色发展，统筹推进生态环境保护和空间、经济、文化、社会、制度建设，有机连接生态、生产、生活，贯通发展与保护，让生态优势转化为发展优势，绿色成为浙江发展最动人的色彩。实践证明，只有认识到生态文明就是发展，运用联系的、发展的、全面的观点，从全局高度统一认识，用统筹方法推动工作，才能真正走出人与自然和谐共生的现代化新路。新征程上，必须更加深刻领悟促进人与自然和谐共生是中国式现代化的本质要求之一，完整准确全面贯彻新发展理念，站在人与自然和谐共生的高度，增强前瞻性思考、全局性谋划和整体性推进，更好统筹降碳、减污、扩绿、增长，使发展更为全面、更高质量、更有效率、更加公平、更可持续、更为安全。

（4）生态省建设是人与自然和谐共生现代化的先行探索，必须把战略的原则性和策略的灵活性有机结合起来，分阶段、分领域、分地域建设美丽中国。生态文明建设是一项开创性事业，是一种人类文明新形态，绝不是轻轻松松就可以实现的。习近平同志在浙江工作期间，深入之江大地开展调研，立足省情、洞察大势、把握规律，深谋远虑、高瞻远瞩地提出生态省顶层设计。浙江既坚持以习近平同志的战略谋划为总纲，又因势而谋、应势而动、顺势而为推进具体实践，从绿色浙江到生态浙江再到美丽浙江不断深化生态省战略，突出重点求突破，抓住关键带全局，一步一个脚印取得实效。实践证明，推进生态文明建设要把战略的原则性和策略的灵活性有机结合起来，以因地制宜、因势利导的具体实践，推进顶层设计落地生根、开花结果，决不能刻舟求剑、守株待兔。新征程上，要深刻领悟中国式现代化是中华民族伟大复兴的必由之路，贯彻落实党的二十大擘画的最高顶层设计，着力细化人与自然和谐共生现代化的顶层设计，大胆深化生态文明建设具体实践探索，不断优化具体举措和载体抓手，求真务实地推进美丽中国建设。

（5）坚持守正创新是破解制约生态文明建设深层次矛盾问题的不竭源泉，必须牢记“创新是第一动力”，不断塑造发展的新动能新优势。习近平同志在浙江工作期间指出，生态省建设是一个全新的课题，只有坚持改革创新、与时俱进，才能把生态省建设推向一个新的水平。实践证明，生态文明建设在不同阶段面临不同形势和不同问题，只有坚持守正创新，准确识变、科学应变、主动求变，坚持创新思维、提升创新能力，用改革创新的办法破解难题、激发活力，才能推进生态文明建设行稳致远。必须强力推进创新深化、改革攻坚，打好法治、市场、科技、政策“组合拳”，推动理念创新、制度创新、管理创新、技术创新，不断增强创新制胜的“内驱力”，牵引推动美丽浙江建设走入深层次、迈向高质量。

（6）美丽中国建设是伟大而艰巨的事业，必须保持战略定力，坚持一张蓝图绘到底，久久为功、善作善成。生态文明建设是一项长期的战略任务，考验的是历史眼光、战略定力、创新能力。20 多年来，浙江以咬定青山不放松的定力，一任接着一任干，一年接着一年抓，以尺寸之功，积千秋之利，以浙江之变彰显中国之治。浙江生态省的实践，鲜活展现了美丽中国的未来图景，充分证明人与自然和谐共生的美丽中国可以实现、也必然会实现，生动诠释了中国特色社会主义制度的优越性。新征程上，必须深刻领悟人与自然和谐共生的现代化是中国式现代的中国特色之一，充分认识全面建设社会主义现代化国家是一项伟大而艰巨的事业，坚定道路自信、理论自信、制度自信、文化自信，保持战略定力，坚持底线思维，准确识变、科学应变、主动求变，以创新思维、创新能力、创新方法推进生态文明建设，久久为功，善作善成，让中国式现代化的独特生态观转化为现代化的新图景、新典范、新选择。

四、展望

习近平同志关于生态省建设的战略谋划是习近平生态文明思想萌发与实践的重要体现。这一重大思想在实践中不断发展，形成了以“十个坚持”为主要内容的科学体系，为建设人与自然和谐共生的美丽中国提供了行动纲领。2023 年 7 月 17 日至 18 日，党中央召开全国生态环境保护大会，习近平总书记发表重要讲话，强调新征程上继续推进生态文明建设，必须处理好高质量发展和高水平保护、重点攻坚和协同治理、自然恢复和人工修复、外部约束和内生动力、“双碳”承诺和自主行动“五个重大关系”。这是我们党对生态文明建设规律性认识的深化和拓展，进一步科学回答了为什么建设生态文明、建设什么样的生态文明、怎样建设生态文明等重大理论和实践问题。我们要进一步循迹溯源，追溯习近平生态文明思想的源头活水，感悟人民领袖从实践历练中脱颖而出的不凡历程，挖掘好、守护好、传承好习近平总书记在地方工作期间留下的精神富矿。进一步加强对生态省建设的系统性分析、实践性归纳和规律性提炼，宣传推广浙江生态省建设的典型做法和先进经验，为全面推进美丽中国建设提供实践样板。进一步提升全面推进美丽中国建设的使命感责任感，坚持绿水青山就是金山银山的理念，坚持以人民为中心的发展思想，坚持山水林田湖草沙一体化保护和系统治理，协同推进降碳、减污、扩绿、增长，以高品质生态环境支撑高质量发展，以生态文明建设的地域精彩实践，共同绘就美丽中国新画卷。

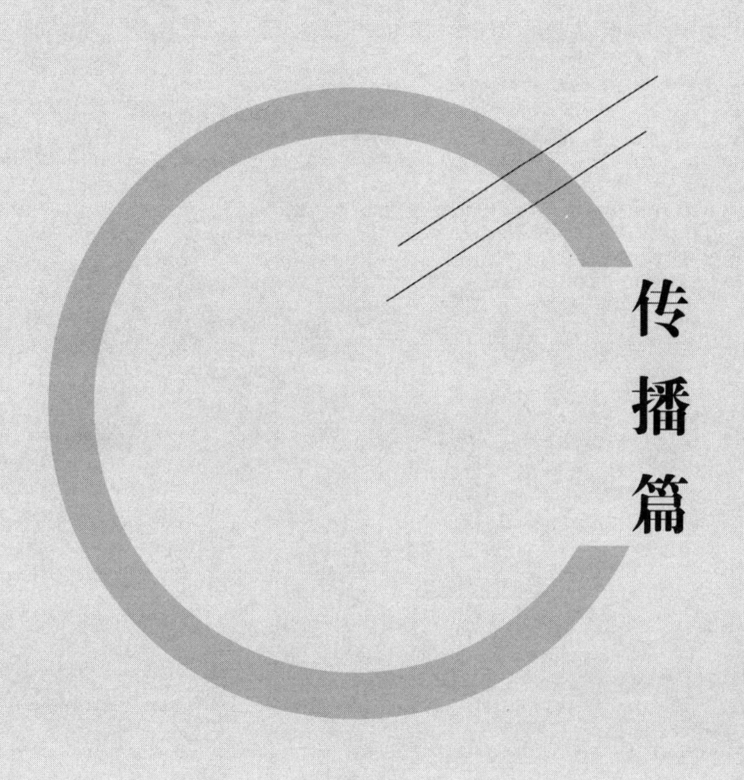

传播篇

决胜治污攻坚不负人民期待*

党的二十大报告全面系统总结了新时代十年我国生态文明建设取得的举世瞩目重大成就、伟大变革，深刻阐述了人与自然和谐共生是中国式现代化的中国特色之一，对推动绿色发展、促进人与自然和谐共生作出重大战略部署。

保护好生态环境是我国生态文明建设的宗旨要求。党的十八大以来，以习近平同志为核心的党中央坚持在发展中保障和改善民生，积极回应人民群众日益增长的优美生态环境需要，污染防治攻坚向纵深推进，我国生态环境保护发生了历史性、转折性、全局性变化，祖国天更蓝、山更绿、水更清，人民群众获得感、幸福感、安全感更加充实、更有保障、更可持续。

良好生态环境是最普惠的民生福祉

环境就是民生，青山就是美丽，蓝天也是幸福。习近平总书记提

---

* 原文刊登于《瞭望》2023 年第 12 期，作者：习近平生态文明思想研究中心。

出“生态环境是关系党的使命宗旨的重大政治问题，也是关系民生的重大社会问题”“生态环境保护就是为民造福的百年大计”等一系列重要论述，深刻体现了新时代生态文明建设必须遵循的基本原则。

良好生态环境是最普惠的民生福祉。改革开放以来，我国经济发展取得历史性成就，也积累了大量生态环境问题，一段时间内成为民生之患、民心之痛。优美生态环境是人民对美好生活的期盼，干净的水、清新的空气、安全的食品、清洁的环境是人民对美好生活向往的重要内容。

将污染治理和环境保护作为重大民心工程和民生工程，积极回应人民群众所想、所盼、所急，是党坚持人民立场的重要体现和历史使命。

新时代十年污染防治攻坚取得历史性成就

党的十八大以来，以习近平同志为核心的党中央把生态文明建设作为统筹推进“五位一体”总体布局和协调推进“四个全面”战略布局的重要内容，坚决向污染宣战，全面打响蓝天、碧水、净土三大保卫战，解决了一大批关系民生的突出环境问题。污染防治攻坚战阶段性目标任务圆满完成，在经济保持较高增速的同时，生态环境质量持续向好，人民群众生态环境获得感显著增强。

（一）空气质量发生了历史性的变化

空气质量直接关系到广大群众的幸福感。坚决打赢蓝天保卫战是重中之重。2022 年，全国地级及以上城市优良天数比率比 2015 年增长了 5.3 个百分点，全国 PM2.5 平均浓度从 2015 年的 46 微克/立方米降到了 2022 年的 29 微克/立方米，首次下降到 30 微克/立方米以下，中国被誉为全球治理大气污染速度最快的国家。

完善顶层设计，加大治理力度，开展中央生态环保督察……还老百姓蓝天白云、繁星闪烁，为人民守住蓝天幸福。

1. 完善顶层设计，形成系统严密的法规制度体系

保护生态环境必须依靠制度、依靠法治。2013 年，国务院发布《大气污染防治行动计划》，扣响了向 PM2.5 宣战的“扳机”。而后修订《中华人民共和国大气污染防治法》《中华人民共和国环境保护法》等法律，明确政府、排污者和公众的大气污染防治责任与义务；发布实施《打赢蓝天保卫战三年行动计划》《中共中央 国务院关于深入打好污染防治攻坚战的意见》《深入打好重污染天气消除、臭氧污染防治和柴油货车污染治理攻坚战行动方案》等纲领性文件，全面部署相关工作任务和目标；发布重点领域减排行动计划，重点行业排放、监测标准和技术指南，重点污染物、时段管控意见和方案等，为大气污染防治提供坚实的法律基础和完备的制度体系。

此外，我国还建立各级人民政府生态文明建设目标责任制及考核评价制度、区域大气污染联防联控和重污染天气应急机制等，以线上线下相结合方式开展 10 轮次重点区域空气质量改善监督帮扶，组织专家团队开展“一市一策”技术帮扶，解决地方政府“有想法、没办法”的难题，创造大气污染防治中国模式。

2. 加大治理力度，推动“四大结构”全方位优化调整

我国坚决对产业结构偏重、能源结构偏煤、运输结构和用地结构

不合理的现状“开刀”。大气污染治理对策逐渐从末端治理转向全过程管控，从注重企业治理延伸到企业与区域、行业治理并重，从政府行政管控为主发展为行政和经济手段并重，以更全领域、更高要求、更严标准将蓝天保卫战向纵深推进。

十年来，我国煤炭消费占一次能源消费比重由2012年的68.5%下降到2021年的56%，非化石能源消费占比提高了6.9个百分点，可再生能源发电装机突破10亿千瓦，风、光、水、生物质发电装机容量稳居世界第一。战略性新兴产业快速发展，新能源汽车产销量连续多年位居全世界第一，机动车油品质量、污染物排放强度都达到了国际先进水平。

3. 开展中央生态环境保护督察，赢得百姓广泛赞誉

开展环境保护督察，是党中央、国务院为加强环境保护工作采取的一项重大举措，对加强生态文明建设、解决人民群众反映强烈的环境污染和生态破坏问题具有重要意义。

2015年8月，中共中央办公厅、国务院办公厅印发《环境保护督察方案（试行）》，标志着中央生态环境保护督察制度正式建立。多年来，中央生态环境保护督察始终坚持问题导向，敢啃“硬骨头”、专攻“老大难”，以“一竿子插到底”的工作方式，解决了一大批长期想解决而未能解决的问题。比如，在2021年中央第四生态环境保护督察组向某省交办的群众举报案件中，大气问题在各污染类型中占比最高。督察组推动解决了砂石场扬尘、企业废气直排、“散乱污”企业取缔等多个群众关心关注的举报投诉问题，赢得了群众满意。

（二）水环境质量发生了转折性的变化

水是生存之本、文明之源。十年来，全国主要水污染物排放量持续下降，全国地表水优良水质断面比例接近发达国家水平，地级及以上城市建成区黑臭水体基本消除，人民群众的“水缸子”更加安全，长江黄河干流水质都有新突破，“水清滩净、鱼鸥翔集、人海和谐”的美丽海湾不断展现。

聚焦四大水体，创新手段方法……还老百姓清水绿岸、鱼翔浅底，为人民守护碧水清流。

1. 聚焦四大水体，水污染治理成效显著

我国牢牢把握全面建成小康社会、改善民生的要求，坚持问题导向，聚焦重点流域水体、城市黑臭水体、饮用水水源和近岸海域水环境质量，由污染治理为主向流域要素系统治理转变。

以水质标准为中心完善水污染防治法律制度体系，全面开展入河排污口排查整治工作，实施“红黄牌”分类管理超排企业等举措；统筹节水与治水、地表水与地下水、淡水与海水、好水与差水的关系，用行政和市场手段安排好生产、生活、生态用水；突出抓好重点污染物、重点行业和重点区域，从源头上治理城市黑臭水体，保证饮用水水源安全。

2. 创新手段方法，水环境监管体系日益健全

不断完善流域管理体系，完善跨区域管理协调机制，完善河长制湖长制组织体系，加强流域内水生态环境保护修复联合防治、联合执法。

我国在七大流域统筹设立水生态环境监管机构，强化水生态环

境保护统一监管。将水环境监管纳入中央生态环保督察，建立健全排污许可制、河湖长制、入河入海排污口监管、跨省流域上下游突发水污染事件联防联控机制等水环境监管制度体系，形成水环境问题排查、监测、溯源、整治长效机制。加大考核监测力度，“十四五”国控断面总数从1940个增加到了3641个，实现了十大流域、地级及以上城市、重要水体省市界、重要水功能区“四个全覆盖”，推进长江流域水生态考核试点工作。

（三）土壤环境质量发生了基础性的变化

土壤环境质量直接关系人民米袋子、菜篮子、水缸子安全和人居环境安全，做好土壤污染防治事关重大。

十年来，我国扎实推进净土保卫战，出台第一部土壤污染防治的基础性法律——《中华人民共和国土壤污染防治法》，构建土壤污染防治法规制度体系；建成涵盖8万个点位的国家土壤环境监测网络，实现土壤环境质量监测点位所有县（市、区）全覆盖；“源头整治”与“安全利用”双管齐下，全国受污染耕地安全利用率和污染地块安全利用率均超过90%。全面禁止“洋垃圾”入境，实现固体废物“零进口”目标。提升环境基础设施建设水平，推进城乡人居环境整治，开展新污染物治理。

当前，全国土壤污染加重趋势得到有效遏制，土壤环境质量总体保持稳定，土壤污染风险得到基本管控，老百姓“吃得安心、住得放心”得到切实保障。

扛起建设人与自然和谐共生　美丽中国的历史责任

党的十八大以来，我国生态文明建设决心之大、力度之大、成效之大前所未有，这些重大成就的取得，根本在于有习近平总书记作为党中央的核心、全党的核心掌舵领航，在于有习近平新时代中国特色社会主义思想特别是习近平生态文明思想的科学指引。

党的二十大就新时代新征程党和国家事业发展制定了大政方针和战略部署，强调要站在人与自然和谐共生的高度谋划发展。

这就要求我们，必须在世界观和方法论上践行坚持人民至上、坚持自信自立、坚持守正创新、坚持问题导向、坚持系统观念、坚持胸怀天下；在战略上保持加强生态环境保护的战略定力，锚定目标不动摇，以改善生态环境质量为核心，推动污染防治在重点区域、重要领域、关键指标上实现新突破；在方针上突出精准、科学、依法治污；在策略上坚持降碳、减污、扩绿、增长协同推进，做好减污、降碳协同增效，PM2.5与臭氧协同治理，水资源水环境水生态治理，城市和农村、陆域与海洋、传统污染物与新污染物六方面统筹。

我们要继续坚持以习近平生态文明思想为指导，坚持生态惠民、生态利民、生态为民，坚定不移把党的二十大提出的目标任务落到实处，积极投身建设美丽中国的伟大实践，不断满足人民群众日益增长的优美生态环境需要，为共同增进人民生态福祉而不懈奋斗，为全面建设社会主义现代化国家、全面推进中华民族伟大复兴作出新的更大贡献。

美丽中国建设迈上新征程*

“把建设美丽中国摆在强国建设、民族复兴的突出位置。”

这是习近平总书记在2023年全国生态环境保护大会上作出的重大部署，也是新时代新征程上中国共产党带领中国人民坚定不移建设天蓝、地绿、水清美好家园的重要号召。

时隔5年，党中央再次召开全国生态环境保护大会，成为中国推进生态文明建设的又一个重要里程碑。

未来5年是美丽中国建设的重要时期，过去怎么看，未来怎么办，是摆在新时代新征程生态文明建设面前的重大理论和实践问题。

新时代生态文明建设成就是党和国家事业取得历史性成就、发生历史性变革的显著标志

时间是最忠实的记录者，也是最客观的见证者。

---

* 原文刊登于《人民日报海外版》2023年9月19日第8版，该文章为“美丽中国·欣欣向荣”系列报道文章之一，作者：宁晓巍，张强。

十年来，在以习近平同志为核心的党中央坚强领导下，中国生态文明建设发生历史性、转折性、全局性变化，创造了举世瞩目的生态奇迹和绿色发展奇迹，中华大地天更蓝、地更绿、水更清，万里山河更加多姿多彩。

实现由重点整治到系统治理的重大转变，实现由被动应对到主动作为的重大转变，实现由全球环境治理参与者到引领者的重大转变，实现由实践探索到科学理论指导的重大转变——“四个重大转变”高度凝练，总结了新时代生态文明建设取得的巨大成就，书写了新时代的壮丽篇章。

这是书写在人民心中的瑰丽篇章。

这些重大转变人民群众看得见、摸得着，感受最真、体会最深。“十面霾伏”“心肺之患”逐渐消失——北方地区约3700万户农村居民告别烟熏火燎的煤炉子，全国地级及以上城市PM2.5平均浓度历史性下降到29微克/立方米，重污染天数下降93%；“掩鼻而过”“避而远之”成为过去——地表水优良水体比例达到87.9%，地级及以上城市黑臭水体基本消除，人民群众的生态环境获得感、幸福感、安全感不断提升。

这是获得世界认可的华丽篇章。

这些重大转变得到世界点赞，中国方案、中国作为全球瞩目。2012年以来，中国以年均3%的能源消费增速支撑了年均6%的经济增长，成为全球能耗强度降低最快的国家之一、空气质量改善最快的国家、全球可再生能源利用规模最大的国家、近20年森林资源增长最多的国家。国际人士认为，中国的生态文明建设为其他国家提供了有益经验，各方对于加强与中国在环境保护和绿色发展方面的合作充满期待。

“四个重大转变”不仅是实践创新的体现，更是对新时代生态文明理论创新和制度创新的精辟总结，凸显了历史和现实相贯通、理论和实践相结合、国内和国际相关联的鲜明特征。“四个重大转变”相互关联、相辅相成、相得益彰，构成有机统一的整体。其中，由实践探索到科学理论指导的重大转变，居于统摄和管总地位，是认识之变、理念之变、思想之变，也是指导实现其他重大转变的根本性转变。

变中亦有不变。

5 年前的全国生态环境保护大会上提出，生态文明建设面临关键期、攻坚期、窗口期叠加的历史性关口。此次大会，习近平总书记再次强调，我国生态环境保护结构性、根源性、趋势性压力尚未根本缓解，生态文明建设仍处于压力叠加、负重前行的关键期。

机遇与挑战并存。中国经济社会发展已进入加快绿色化、低碳化的高质量发展阶段，高水平保护的支撑作用更加明显，物质基础更加厚实，我们应该有足够的信心和决心，攻坚克难、乘势而上，努力绘就美丽中国新画卷。

中国共产党对生态文明建设的规律性认识进一步深化和拓展

2023 年 8 月 15 日，首个全国生态日。

18 年前的这一天，习近平同志在浙江省安吉县首次提出绿水青山就是金山银山的科学论断，为习近平生态文明思想的孕育和萌发提供了核心理念。

如今，绿水青山就是金山银山的理念深入人心，引领中国生态文明建设从理论到实践都发生了历史性、转折性、全局性变化，美丽中国建设迈出重大步伐。

实践没有止境，理论创新也没有止境。

新征程上，继续推进生态文明建设，必须正确处理“五个重大关系”，即高质量发展和高水平保护的关系、重点攻坚和协同治理的关系、自然恢复和人工修复的关系、外部约束和内生动力的关系、“双碳”承诺和自主行动的关系。

“五个重大关系”蕴含丰富的马克思主义唯物辩证的思想方法，深刻阐释了发展与保护的认识论、污染防治与生态保护修复的方法论、增强动力保障与实现“双碳”目标的实践论，是我们党对生态文明建设规律性认识的进一步深化和拓展，丰富发展了习近平生态文明思想。这是指引新时代生态文明建设取得更加显著成效的密码所在，标志着我们党对社会主义生态文明建设的规律性认识达到新的高度和新的境界，必须长期坚持并在实践中不断丰富发展。

以美丽中国建设全面推进人与自然和谐共生的现代化

福州闽江河口湿地，20 多年前受人类活动和生产影响，生态一度受到严重破坏。时任福建省省长习近平批示：“必须重视对湿地的保护。”20 余年来，福州坚持一张蓝图绘到底，一任接着一任干，闽江河口湿地重现天空湛蓝、水泽茫茫、万鸟翔集的生态画卷，演绎了一场久久为功的“生态保卫战”。

闽江河口湿地的“重生”充分表明，生态文明建设是长期而艰巨的任务，必须锲而不舍、持续用力、扎实推进。

2023 年 7 月，在全国生态环境保护大会上，习近平总书记部署了持续深入打好污染防治攻坚战，加快推动发展方式绿色低碳转型，着力提升生态系统多样性、稳定性、持续性，积极稳妥推进碳达峰碳中和，守牢美丽中国建设安全底线，健全美丽中国建设保障体系等六项重大任务，强调必须以更高站位、更宽视野、更大力度来谋划和推进新征程生态环境保护工作，谱写新时代生态文明建设新篇章。

这是瞄准未来 5 年和到 2035 年美丽中国建设目标作出的重大战略安排，为美丽中国建设提供了行动纲领和科学指南。我们要深学细悟笃行习近平生态文明思想和全国生态环境保护大会精神，协同推进降碳、减污、扩绿、增长，以高品质生态环境支撑高质量发展，全面推进美丽中国建设，加快推进人与自然和谐共生的现代化。

建设美丽中国是全面建设社会主义现代化国家的重要目标，必须坚持和加强党的全面领导，这是生态文明建设取得巨大成就的根本保证。

蓝图已经绘就，号角已经吹响。

新征程上，美丽中国建设必将继续书写新的篇章。

系统治理　生态更美*

“滚滚黄河里没有咱高西沟的泥”，这是陕西省榆林市米脂县高西沟人引以为傲的地方。曾经的高西沟村荒芜贫瘠，水土流失严重，当地人以为“多刨一个‘坡坡’，就能多吃一个‘窝窝’（当地一种食物）”，然而却是越刨越穷。

痛则思变。

高西沟人决定不再垦荒，而是积极探索治坡为主、沟坡兼治的系统治理方法，创造林地、田地、草地各占三分之一的土地利用“三三制”经营模式，确立“整体规划、分步实施、点面结合、梯次推进”的治理思路。如今，高西沟村“黄土坡”变“绿林坡”，林草覆盖率达到70%。

2021年9月13日，习近平总书记在陕西省榆林市考察调研时指出，高西沟村是黄土高原生态治理的一个样板。

黄土高原的绿色变迁，离不开系统治理的科学思维，对于推进生态文明建设具有非常重要的启示意义。

---

* 原文刊登于《人民日报海外版》2023年10月10日第8版，该文章为“美丽中国·欣欣向荣”系列报道文章之一，作者：赵梦雪，杨小明。

由重点整治到系统治理是方式方法的重大转变

在 2023 年全国生态环境保护大会上，习近平总书记指出："我们从解决突出生态环境问题入手，注重点面结合、标本兼治，实现由重点整治到系统治理的重大转变。"

生态文明建设由重点整治到系统治理的重大转变，体现的是思维方式和工作方法的深刻转变，同时为其他重大转变提供了策略路径，是新时代生态文明建设的重要理论指导。

河北省唐山市作为典型的北方资源型城市，大气污染问题一度十分突出。为此，唐山市大力实施燃煤锅炉淘汰、控制工地扬尘、推进污染治理提档升级等措施，不断严格排放标准，加大重点行业排污监管力度。在重拳治污举措下，唐山市二氧化硫、氮氧化物等污染物排放总量得到有效控制，但空气质量改善效果并不显著。

面对复杂的污染情况，唐山市以系统观念为引领，将大气污染防治同产业结构调整、能源结构转型、经济发展方式转变有机结合，坚决打赢打好蓝天保卫战。2022 年，唐山市大气污染防治攻坚战实现了里程碑式突破，取得了四个"历史之最"（空气质量综合指数最低、排位最好、优良天数最多、重污染天数最少），打了一场振奋人心的"退后十"翻身仗、荣誉战。

这是生态环境质量的重大转变，也是生态环境治理方式的重大转变。

党的十八大以来，面对资源环境约束趋紧、生态系统退化、环境污染严重等“国土之殇、民生之痛”，各地以猛药祛疴、重典治乱的坚强决心和有力举措，解决了一批人民群众反映强烈的突出生态环境问题。

实践中，各地始终把生态环境治理作为一个系统工作，既坚持精准治污、科学治污、依法治污，不断纵深推进污染防治，又统筹山水林田湖草沙一体化保护和系统治理，切实加强生态保护和修复；既完善生态环保法律制度体系，又不断深化生态文明体制改革，生态环境治理水平显著提高。

正是深化和科学运用系统观念这一重要思想法宝，中国生态文明建设融入经济社会发展的全方位、全地域、全过程，生态环境保护发生历史性、转折性、全局性变化，美丽中国建设迈出重大步伐。

在生态环境治理中统筹兼顾生态系统的各要素

透过“城市阳台”，山东省青岛市灵山湾 30 千米海岸线上的美景可见一斑。家住灵山湾金沙滩路的张庆远说道：“以前海边都是些养殖池子，荒草丛生的，没什么看头。”

为让“蒙尘”的海湾恢复“美貌”，青岛市在灵山湾启动蓝色海湾整治行动，清理拆除养殖设施，加大沿湾污水处置力度，恢复海湾自然风貌。如今，水清滩净、鱼鸥翔集的灵山湾已然成为青岛市民临海亲海的城市“会客厅”。

海洋生态环境问题表现在海里，根子在陆上。海洋生态环境的改善需要依托陆域生态环境的改善，而海洋生态环境质量也集中反映了陆海生态环境系统治理的成效。

就像海洋环境一样，生态是统一的自然系统，是相互依存、紧密联系的有机链条，组成生态系统的各个要素相互依存、相互促进、相互制约。如果这个系统中的某个环节发生变化，其他环节也会受到影响。生态环境治理需要统筹考虑环境要素的复杂性、生态系统的完整性、自然地理单元的连续性、经济社会发展的可持续性。

长期以来，跨流域保护治理一直是江河保护的难点，有时“管住了下游，管不了上游”。为保护赤水河水域生态，云贵川三省建立了赤水河流域联席会议协调机制，协同立法、协作保护，达到“1+1+1>3”的效果。

这是解决跨区域环境治理问题的典型案例。新时代以来，全国生态环境治理坚持前瞻性思考、全局性谋划、战略性布局、整体性推进，坚持好、运用好系统观念，统筹兼顾、综合施策，构建了流域统筹、区域协同、部门联动的生态环境保护大格局，推动生态环境质量显著改善。

从系统工程和全局角度寻求新的治理之道

山东省五莲县境内沟壑纵横、坡陡沟深，曾是国家级水土流失重点治理区，严重制约乡村发展、群众致富。面对水土保持工作这块“硬骨头”，五莲县按照“源头在治山，重点是增绿，关键要蓄水”的系统治理思路，破板岩、填新土、建水源，聚力打好治山治水攻坚战，让荒山盖上“绿被子”，绿水育出“金票子”。

五莲县治理经验充分表明，生态文明建设必须把系统观念作为根本方法，坚持统筹兼顾、综合平衡的整体性理念，推动局部和全局相协调、治标和治本相贯通、当前和长远相结合。

党的二十大报告提出，我们要推进美丽中国建设，坚持山水林田湖草沙一体化保护和系统治理，统筹产业结构调整、污染治理、生态保护、应对气候变化，协同推进降碳、减污、扩绿、增长，推进生态优先、节约集约、绿色低碳发展。

“一体化保护”“系统治理”“统筹”和“协同推进”，是一套“组合拳”，清晰地勾画出实现美丽中国建设目标的路径和策略。

新征程上，美丽中国的建设者们要立足人民日益增长的美好生活需要，将系统治理思路贯穿生态环境保护工作各方面。坚持点面结合，以重点突破带动整体推进；坚持标本兼治，抓好主要矛盾和矛盾的主要方面。

从生态系统整体性出发，中国更加注重综合治理、系统治理、源头治理，加强细颗粒物和臭氧协同控制，强化山水林田湖草沙等各种生态要素的协同治理、重点区域的协同治理和流域上中下游、江河湖库、左右岸、干支流的协同治理，综合运用行政、市场、法治、科技等多种手段，构建全方位、立体化的现代环境治理体系，推动形成人与自然和谐共生的现代化建设新局面。

主动作为　万里河山多姿多彩*

江苏省徐州市贾汪区，曾因煤而兴，但长达130年的煤炭开采，使得当地的生态环境破坏严重。

被动依赖资源，粗放发展，无异于杀鸡取卵、竭泽而渔，只有主动出击，坚持生态优先、绿色发展，才能让发展更可持续。贾汪区转变发展理念，实施生态修复再造，开展荒山绿化，从原来的“一城煤灰半城土”，到现在的“一城青山半城湖”，贾汪区建成了4个国家级4A景区，探索出资源枯竭城市绿色发展的特色之路。2019年，贾汪区被生态环境部命名为“绿水青山就是金山银山”实践创新基地。

主动作为、谋求绿色转型的徐州市贾汪区，是中国推进生态文明建设的缩影。

进入新时代，中国共产党坚持转变观念、压实责任，不断增强全党全国推进生态文明建设的自觉性主动性，实现由被动应对到主动作为的重大转变。

---

* 原文刊登于《人民日报海外版》2023年10月17日第10版，该文章为“美丽中国·欣欣向荣”系列报道文章之一，作者：黄炳昭，郭红燕。

从被动应对到主动作为，观念和责任的转变

练江，潮汕人民的“母亲河”，因河水清澈蜿蜒如一道白练而得名。多年来，由于经济粗放发展和流域人口快速增长，练江水质逐年恶化，流域400多万群众饱受水体黑臭之苦，练江一度成为广东省污染最严重的河流之一。2018年，中央生态环境保护督察将练江污染作为反面典型予以通报。

广东省汕头市痛定思痛、痛定思责。党政主要领导包干支流治理，多年坚持驻点居住、现场办公，推动练江水质从普遍性黑臭到国考断面Ⅳ类的重大转折性变化，实现了从“污染典型”到“治污典范”的转身，被评为“广东省十大美丽河湖”，一江白练重回汕头。

练江的蝶变关键在于生态保护观念上的转变。党的十八大以来，党中央把生态文明建设纳入“五位一体”总体布局，将坚持人与自然和谐共生纳入新时代坚持和发展中国特色社会主义的基本方略，绿色成为新发展理念的重要方面，充分彰显了生态文明建设在党和国家事业中的重要地位，表明了中国共产党加强生态文明建设的坚定意志和坚强决心。

主动作为也体现在社会层面。进入新时代，伴随着人民群众对清新空气、清澈水质、清洁环境等生态产品的需求越来越迫切，生态文明理念也不断深入人心，建设美丽中国正转化为全体人民的自觉行动。

避免餐饮浪费，积极参与垃圾分类，少开车多坐公交，夏天把空

调温度调高一些，人走灯灭节约用电，生态环境志愿服务意愿日益高涨……越来越多的人从生活的点滴小事做起，积极践行简约适度、绿色低碳、文明健康的生活方式。

党的十八大以来，生态环境保护“党政同责”和“一岗双责”等一系列制度得到建立完善，全党全国推进生态文明建设的思想自觉、政治自觉、行动自觉不断增强，绿水青山就是金山银山的理念成为全党全社会的共识，推动思想和行动上由被动应对向主动治理、真抓实干转变。

转变观念、压实责任，生态文明建设的内在要求

秦岭和合南北、泽被天下，是中国重要的生态屏障。

针对秦岭北麓西安境内违建别墅、严重破坏生态环境问题，习近平总书记多次作出重要指示批示，党中央扭住不放，一抓到底，1194 余栋违建别墅被依法处置并全面复绿，多名领导干部因违纪违法被查处。

生态兴则文明兴。生态文明建设是关系中华民族永续发展的根本大计，要对“国之大者”了然于胸，真正对历史负责、对民族负责，决不能说起来重要、喊起来响亮、做起来挂空挡。

生态文明建设是关系党的使命宗旨的重大政治问题，也是关系民生福祉的重大社会问题。曾经，面对环境污染的严峻紧迫形势，党中央、国务院坚决向污染宣战，各地坚决扛起生态文明建设的重任，决心之大、力度之大、成效之大前所未有。经过不懈努力，中国的天

更蓝、地更绿、水更清，万里河山更加多姿多彩。

生态文明是人民群众共同参与、共同建设、共同享有的事业。习近平总书记指出，每个人都是生态环境的保护者、建设者、受益者，没有哪个人是旁观者、局外人、批评家，谁也不能只说不做、置身事外。实践证明，只有增强全民节约意识、环保意识、生态意识，开展全民绿色行动，才能形成全国全社会共同推进生态文明建设的大格局。

持续转变观念，一张蓝图绘到底

当前，中国经济社会发展已进入加快绿色化、低碳化的高质量发展阶段，生态文明建设仍处于压力叠加、负重前行的关键期。

“这是一个滚石上山的过程，稍有放松就会出现反复”，习近平总书记的重要指示深中肯綮。

必须始终保持战略定力，持续转变观念，坚决摒弃损害甚至破坏生态环境的发展模式和做法，决不能再以牺牲生态环境为代价换取一时一地的经济增长。

浙江安吉，绿水青山就是金山银山的理念在此诞生。

18 年前，安吉余村痛下决心，陆续关停矿山和水泥厂，进行生态修复，从“靠山吃山”变成“养山富山”，时任浙江省委书记的习近平称之为“高明之举”。多年来，安吉深入实施“生态立县、工业强县、开放兴县”发展战略，积极探索“两山”转化的有效途径，成功实现了从环境污染负面典型到生态文明样板示范的转变。

事实表明，观念的转变也是生产力和生产方式的转变，是更加深刻的转变，是触及经济社会全面绿色转型的基础性的转变。

新征程上，必须牢牢掌握生态文明建设的历史主动，紧跟形势，转变观念，担当作为，以更高站位、更宽视野、更大力度来谋划和推进生态环境保护工作，为建设人与自然和谐共生的现代化凝聚起强大合力。

全球环境治理　中国贡献力量*

绿色，是沙海中最动人的色彩。横亘陕西、内蒙古、宁夏三地的毛乌素沙地，是中国四大沙地之一。很难想象，曾荒凉了千年的沙地，如今“长”出了水草丰美的绿洲。

“黄沙滚滚半天来，白天屋里点灯台；行人出门不见路，一半草场沙里埋。”这则谚语是毛乌素沙地农牧民生活中挥之不去的记忆。面对曾经的窘境，当地农牧民没有“逃之夭夭”，而是根据沙丘流动特点，研究治沙模式，经过一代又一代人的奋斗，沙地治理率超过70%。联合国荒漠防治化组织总干事认为，毛乌素沙地治理实践，为全球治沙作出了中国贡献。

70 多年来，中国实施了三北防护林、京津风沙源治理、退耕还林还草等一系列重大工程，拓展了中国的绿色版图，书写了一个又一个绿色传奇。美国国家航空航天局研究显示，全球新增绿化面积的四分之一来自中国，中国贡献比例居全球首位。

---

* 原文刊登于《人民日报海外版》2023 年 11 月 14 日第 8 版，该文章为“美丽中国·欣欣向荣”系列报道文章之一，作者：刘金森，李丽平。

由“沙进人退”到“绿进沙退”的“绿色传奇”，是中国致力于自身生态文明建设的同时，从全人类共同利益出发，为共建清洁美丽世界作出的中国贡献。

视野格局发生重大转变

在 2023 年 7 月召开的全国生态环境保护大会上，习近平总书记指出，我们“紧跟时代、放眼世界，承担大国责任、展现大国担当，实现由全球环境治理参与者到引领者的重大转变”。

在新时代生态文明建设“四个重大转变”中，这是更广视野和更大格局的转变，是站在对人类文明负责的高度，促进人类可持续发展的具体行动表现。

中国始终胸怀天下，以世界眼光关注人类前途命运，站在推动人类永续发展的高度，向世界分享中国理念——

解答世纪之问，中国提出“构建人类命运共同体”；

面对全球环境治理前所未有的困境，中国提出“构建人与自然生命共同体”；

建设清洁美丽世界，中国提出“共建地球生命共同体”；

……

这一个个“共同体”理念，勾勒出共谋全球生态文明建设的中国愿景，成为国际社会的普遍共识，写入了联合国议题。

中国深度参与全球气候治理，推动《巴黎协定》的达成、签署、生效和实施，成为引领全球气候行动的重要力量。在气候多边进程面临不确定性时，中国发挥大国引领作用，提振各方信心。作为负责任的发展中国家，中国提出二氧化碳排放力争于2030年前达到峰值，努力争取2060年前实现碳中和的目标，构建“1+N”政策体系，树立全球气候治理主动担责的标杆。

中国首次作为主席国领导和推动联合国环境领域重大议题谈判，成功举办《生物多样性公约》第十五次缔约方大会，推动达成历史性兼具雄心和务实平衡的“昆明—蒙特利尔全球生物多样性框架”（“昆蒙框架”），明确2030年全球行动目标和2050年全球长期目标，开启全球生物多样性治理的新篇章，得到国际社会的广泛赞誉。

共同治理生态环境问题

人类能不能在地球上幸福地生活，同生态环境有很大关系。当人类友好保护自然时，自然的回报是慷慨的；当人类粗暴掠夺自然时，自然的惩罚也是无情的。生态环境没有替代品，用之不觉，失之难存。

当前，气候变化、生物多样性丧失、荒漠化加剧、极端气候事件频发，给人类生存和发展带来严峻挑战。人类是命运共同体，站在历史十字路口的关键时刻，各国必须共同合作、携手应对。只有深怀对自然的敬畏之心，尊重自然、顺应自然、保护自然，才能走向繁荣。

孤举者难起，众行者易趋。习近平总书记指出，保护生态环境是全球面临的共同挑战和共同责任。

撒哈拉沙漠，世界上最大的沙漠。

11 个撒哈拉以南国家开展跨国合作，成立泛非“绿色长城”组织，联合抵御风沙侵蚀。近年来，绿色“一带一路”倡议得到多个沿线国家响应，中国依托位于肯尼亚的中非联合研究中心，积极推广“三北”防护林工程成功经验，助力非洲“绿色长城”建设。

这是“一带一路”的故事，也是共同应对全球生态环境问题、共建清洁美丽世界的故事。

面对生态环境挑战，人类是一荣俱荣、一损俱损的命运共同体，没有哪个国家能独善其身。勇于担当，勠力同心，共同医治生态环境的累累伤痕，才是人类共同营造和谐宜居家园之选。

帮助广大发展中国家

生态环境关系各国人民的福祉，每个国家都应充分考虑人民对美好生活的向往、对优良环境的期待，在绿色转型过程中努力实现社会公平正义，增加人民获得感、幸福感、安全感。

中国大力推动建设绿色“一带一路”，倡导建立“一带一路”绿色发展国际联盟，实施“绿色丝路使者计划”，为 120 多个国家培训了 3000 多人次环境领域人才，与 39 个共建“一带一路”国家及国际组织签署合作协议，与老挝、柬埔寨、塞舌尔合作建设低碳示范区……通过援助气象卫星、光伏发电系统，帮助广大发展中国家提高应对气候变化的能力。

共建绿色“一带一路”是中国推进全球环境治理的缩影。

“中国国际地位和影响进一步提高，在全球治理中发挥更大作用”，这是党的二十大报告中提出的未来五年的主要目标任务之一。中国将继续秉持人类命运共同体的理念，落实全球发展倡议、全球安全倡议、全球文明倡议，以更加积极的姿态参与全球环境治理，认真履行国际公约，积极参与应对气候变化全球治理，引领推动“昆蒙框架”实施，推动建设一个清洁美丽的世界。

行而不辍，未来可期。生态文明建设关乎人类未来。新征程上，中国将努力建设人与自然和谐共生的现代化，与全世界人民携手开创人类更加美好的未来。

美丽中国建设的科学指南*

贵州省黔西市新仁苗族乡化屋村，地处乌江源百里画廊风景区。这里山高林密、江水蜿蜒、宁静秀丽，淳朴的苗寨人深知绿水青山是大自然的恩赐，如何在不破坏自然美景的同时过上富足的生活，化屋村经历了长期探索和实践。

如今，化屋村在绿水青山就是金山银山理念的指引下，蝶变成为远近闻名的“中国旅游特色村”“贵州最具魅力民族村”，既守住了绿水青山，也收获了金山银山。

从在实践中不断探索，到用理论武装进行科学指导，化屋村为绿水青山就是金山银山理念写下了生动注脚。

思想和理论的重大转变

习近平总书记在2023年7月召开的全国生态环境保护大会上精

* 原文刊登于《人民日报海外版》2023年11月28日第8版，该文章为“美丽中国·欣欣向荣”系列报道文章之一，作者：袁乃秀，宁晓巍。

辟概括了“四个重大转变”，强调“不断深化对生态文明建设规律的认识，形成新时代中国特色社会主义生态文明思想，实现由实践探索到科学理论指导的重大转变”。

这是思想和理论的转变，居于统摄和管总地位，是认识之变、理念之变，是指导实现其他重大转变的根本性转变。

党的十八大以来，以习近平同志为核心的党中央站在中华民族永续发展的高度，大力推动生态文明理论创新、实践创新、制度创新，创造性提出一系列新理念新思想新战略，形成了习近平生态文明思想，成为新时代中国生态文明建设的根本遵循和行动指南。

思想和理论的重大转变，源于长期的实践探索和战略思考。

大河奔涌，见证思想光芒。长江、黄河是中华民族的母亲河。对母亲河的保护，习近平总书记一直牵挂在心——在青海，强调“必须担负起保护三江源、保护‘中华水塔’的重大责任”；在甘肃，提出“让黄河成为造福人民的幸福河”；在四川，叮嘱“筑牢长江上游生态屏障，守护好这一江清水”……

“共同抓好大保护，协同推进大治理”，黄河流域各地迈出生态保护和高质量发展新步伐，流域内植被覆盖度显著增加，上游植被覆盖“绿线”比 20 年前西移约 300 千米；“共抓大保护，不搞大开发”，成为长江沿岸省市的共识，长江上中下游，“含绿量”越来越高。

诸多现实案例有力证明，习近平生态文明思想植根于生态文明建设的伟大实践，赋予生态文明建设理论新的时代内涵，开创了生态文明建设新境界。

在实践中不断丰富发展

实践没有止境，理论创新也没有止境。习近平生态文明思想既来自实践，又在实践中不断丰富和发展。

过去，中国红树林因外来物种入侵、生产生活污水直排、养殖鱼塘污染等问题，面积逐渐缩小，生态系统不断退化。近年来，中国采取建立自然保护地、划定生态保护红线、实施人工修复等措施，推动红树林面积稳步增加，成为世界上红树林面积净增加的少数国家之一，至 2022 年已达到 43. 8 万亩。

红树林的成功修复，是综合运用自然恢复和人工修复两种手段改善生态的典范。在全国生态环境保护大会上，习近平总书记深刻阐述了新征程上推进生态文明建设需要处理好的“五个重大关系”，其中之一就是“自然恢复和人工修复的关系”。

“五个重大关系”，充分体现了马克思主义唯物辩证的思想方法，进一步深化和拓展了中国共产党对生态文明建设的规律性认识，在实践基础上丰富发展了习近平生态文明思想。

不只是红树林修复。生态环境治理是一项系统工程，环境要素的复杂性、生态系统的完整性、自然地理单元的连续性、经济社会发展的可持续性，决定了生态环境保护必须坚持系统观念。

党的十八大以来，习近平生态文明思想不断丰富和发展。

从最初的“山水林田湖是一个生命共同体”到“统筹山水林田湖草沙系统治理”，“草”“沙”逐字增加，是全局统筹的思维、是系统观念的体现、是实地调研后的渐进发展。

习近平生态文明思想是中国过去在生态文明建设上为什么能够成功的密码，也是未来怎样才能继续成功的法宝，必须长期坚持并在实践中不断丰富发展。

全面推进美丽中国建设

科学理论的价值就在于回答时代课题，推动实践发展。

党的十八大以来，中国生态文明建设从理论到实践都发生了历史性、转折性、全局性变化，人民群众在绿水青山中共享自然之美、生命之美、生活之美。

从大江大河到高原丘陵，从乡村沃野到城市绿地，新时代以来，习近平总书记走到哪里，就把生态文明建设的理念讲到哪里——

在陕西汉中，提出生态公园建设要顺应自然，加强湿地生态系统的整体性保护和系统性修复；在黑龙江漠河北极村，希望广大干部、群众共同努力，把乡村建设得更好、把生态保护得更好、让人民生活得更好；在江西婺源王村石门自然村，强调保护好自然生态，把传统村落风貌和现代元素结合起来，坚持中华民族的审美情趣，把乡村建设得更美丽……

2023 年是全面贯彻落实党的二十大精神的开局之年，习近平总书记在全国生态环境保护大会上强调，“今后 5 年是美丽中国建设的重要时期”，要“把建设美丽中国摆在强国建设、民族复兴的突出位置，推动城乡人居环境明显改善、美丽中国建设取得显著成效”。

这一重要讲话，系统部署了全面推进美丽中国建设的重大任务。这是贯彻落实党的二十大决策部署，瞄准未来 5 年和到 2035 年美丽中国建设目标作出的重大战略安排。

思想之光照亮前行之路，人与自然和谐共生的现代化进程，必将深刻改变中国、影响世界。

在发展中保护　在保护中发展*

处理好发展与保护的关系，在生态环境领域是一个世界性难题，也是一个永恒的课题。

黄土高原曾经是中国乃至世界上水土流失最严重、生态最脆弱的地区之一，如何在这样的条件下实现保护与发展共赢，是摆在当地人面前的必答题。

近年来，地处黄土高原生态脆弱地区的山西省吕梁市，坚持生态优先、绿色发展，统筹水资源、水环境、水生态协同共治，不仅保护和改善了环境，也使得生态资源成为高质量发展的“绿色银行”。

在 2023 年 7 月召开的全国生态环境保护大会上，习近平总书记深刻阐述了新征程上继续推进生态文明建设需要处理好的“五个重大关系”，其中第一个就是处理好高质量发展和高水平保护的关系。

---

* 原文刊登于《人民日报海外版》2023 年 12 月 12 日第 8 版，该文章为“美丽中国·欣欣向荣”系列报道文章之一，作者：刘智超，韩文亚。

高水平保护是高质量发展的重要支撑

福建省长汀县一度水土流失严重，据 1985 年遥感普查，长汀县水土流失率为 31.5%，森林覆盖率仅在 10%左右，河岸侵蚀和河道淤积严重，危及着河流两岸的民房及大量农田。

经过近 40 年的兴修梯田、打坝淤地、固沟保土，流域内的生态环境得到有效改善，2022 年长汀县水土保持率提高到 93.43%，森林覆盖率达到 79.55%，经济水平持续增长，实现了从全国水土流失重灾区到国家生态文明建设示范县的历史性跨越。

治理的是水土，推动的是发展，而且是高质量的发展。2022 年，长汀县生态旅游接待游客 586.9 万人次，实现旅游收入 49.23 亿元。

给生态投了钱，看似不像开发建设一样能快速养鸡生蛋，但最后会养出金鸡、生出金蛋。

由此看来，高品质生态环境既是高质量发展的重要内涵和组成部分，又是推动高质量发展的基础和保障。

通过生态环境分区管控、环境影响评价，遏制高耗能、高排放项目盲目发展，中国为高质量发展把好关、守好底线。

通过环境科技创新、绿色金融创新、产业模式创新，中国正不断提升生态环保产业对经济社会绿色转型的服务支撑力。

通过新旧动能接续转换，减污、降碳协同增效，产业集群环境治理和环境标准提升，中国积极推动产业结构、能源结构、交通运输结构转型升级，倒逼实现生态优先、绿色低碳的高质量发展。

实践证明，只有把资源环境承载力作为前提和基础，自觉把经济活动、人的行为限制在自然资源和生态环境能够承受的限度内，才能在绿色转型中推动发展实现质的有效提升和量的合理增长。

高质量发展是高水平保护的坚强后盾

深圳，用40年的时间迅速从一个落后的边陲农业县建设成为一座充满魅力、动力、活力、创新力的国际化创新型城市。

经济社会的快速发展，也为深圳改善生态环境保护创造了条件，提供了雄厚的物质基础。“十三五”以来，深圳水污染治理累计投入超过1500亿元，在全国率先实现全市域消除黑臭水体，水环境实现历史性、根本性、整体性转好，茅洲河、深圳河水质达到近30年来最好水平。

可见，高质量发展不仅仅是经济的不断跃升，也为实现高水平保护提供了不可或缺的财政、科技、市场等支持。

高质量发展的成果可以通过增加财政投入，开发绿色金融、生态补偿机制等政策工具，推动生态环保工程建设和环保产业发展，从而助力高水平保护。

高质量发展所依赖的技术进步和创新，可以提高产品设计、生产工艺、产品分销以及回收处置利用全产业链的绿色化水平，显著提高资源利用效率，大幅度提升环境治理效益。

高质量发展也可以通过积极推进产业生态化和生态产业化，开展类型多样、特色鲜明的“绿水青山就是金山银山”实践探索，创新环境导向的项目开发模式，显著提升项目主体在生态环境治理上的投入意愿。

实践证明，只有将高质量发展作为全面建设社会主义现代化国家的首要任务，不断塑造发展的新动能、新优势，加快形成科技含量高、资源消耗低、环境污染少的高质量发展模式，才能从根本上改善生态环境质量。

协调推进高质量发展与高水平保护

高水平保护和高质量发展并不是“二选一”的选择题，两者密不可分。

江苏省连云港市徐圩新区是中国七大石化产业基地之一。近年来，徐圩新区坚决淘汰一批高污染、高耗能落后化工产能，积极加大对园区环保基础设施的建设投入力度，腾出环境容量引进盛虹炼化等优质重大项目，加快了结构优化、提供了就业岗位、推动了高质量发展，取得了社会效益、经济效益和环境效益的多赢。

高质量发展和高水平保护是相辅相成、相得益彰的。

当前，中国经济社会发展已进入加快绿色化、低碳化的高质量发展阶段。协调推进高质量发展和高水平保护，必须坚持生态优先、绿色发展，在发展中保护，以减污、降碳协同增效为总抓手，持续深入打好污染防治攻坚战，严格生态环境准入管理，决不能以牺牲生态环境为代价换取一时的经济增长。

中国坚持在保护中发展，加快产业绿色转型升级，推动绿色低碳技术的研发和推广应用，促进生态环保产业和环境服务业健康发展，大力培育绿色经济增长点，加快形成绿色发展方式和生活方式。

进入新时代，中国在续写经济快速发展奇迹和社会长期稳定奇迹的同时，创造了举世瞩目的生态奇迹和绿色发展奇迹。处理好高质量发展与高水平保护的关系，美丽中国的绿色发展之路必将越走越宽、越走越远。

重点攻坚　协同治理*

大气污染问题，曾是京津冀居民的“心肺之患”。2018 年，以国务院发布的《打赢蓝天保卫战三年行动计划》为标志，中国启动了重点区域大气污染防治的重点攻坚行动。

经过不懈努力，2022 年京津冀地区 PM2.5 平均浓度较 2013 年下降超 63%，北京市 PM2.5 平均浓度降至 30 微克/立方米，被联合国环境规划署评价为“北京奇迹”，河北省所有设区的市空气质量稳步提升。

在 2023 年 7 月召开的全国生态环境保护大会上，习近平总书记深刻阐述了新征程上继续推进生态文明建设需要处理好的“五个重大关系”，其中之一就是“重点攻坚和协同治理的关系”。京津冀大气污染联防联控充分体现了处理好这一组关系的重要意义。

重点攻坚和协同治理是“重点论”和“两点论”相统一的科学方法

“乌梁素海的水不仅不能饮用、浇地，甚至都不能接触皮肤。”

---

* 原文刊登于《人民日报海外版》2024 年 1 月 2 日第 8 版，该文章为“美丽中国 · 欣欣向荣”系列报道文章之一，作者：王姣姣，张婻姮。

内蒙古自治区巴彦淖尔市的居民在2012年接受采访时这样说。

曾经十分富饶美丽的乌梁素海一度被称为“死海”，乌梁素海水面漂浮大量垃圾，不少地方泛着白沫，整个湖区水质黑而腥臭。面对这种情况，当地政府开始意识到，治理乌梁素海对保障中国北方生态安全具有十分重要的意义。一开始，当地政府实施了工业点源污染控制等一大批生态环境保护和修复项目，但收效始终不尽如人意。

当地政府开始转变治理逻辑，从过去单纯的“治湖泊”转变为系统的“治流域”，从保护一个湖到保护一个生态系统，联动岸上岸下、上游下游，加强山水林田湖草沙各要素之间的联系。经过系统治理，如今的乌梁素海重现“塞外明珠”的风采。

生态环境治理是一项系统工程，需要统筹考虑环境要素的复杂性、生态系统的完整性、自然地理单元的连续性、经济社会发展的可持续性。处理好重点攻坚和协同治理的关系，既是系统观念在生态文明建设具体实践中的深化运用，也是重点突破、全面推进工作思路的具体体现。

坚持统筹兼顾不是“眉毛胡子一把抓”的平均用力，而是坚持“两点论”和“重点论”的统一。因此，坚持问题导向和系统观念，就是要从解决突出生态环境问题入手，注重点面结合、标本兼治，以系统思维谋全局，推动局部和全局相协调、重点和整体相统一、治标和治本相贯通、当前和长远相结合。

生态环境的系统性和环境问题的复杂性决定了必须处理好重点攻坚和协同治理的关系

嘉陵江是长江上游重要支流，是四川、重庆 10 余座城市的重要饮用水源。经过 30 余年开发，嘉陵江上游大量采矿冶炼企业形成了 200 余座尾矿库，使位于嘉陵江上中游分界点的一些城市饱受防不胜防的输入型污染之痛，城区及沿江城镇几十万人口饮用水安全受到威胁。

为了化解嘉陵江跨界河流治理不同步、解决不及时、侧重不统一等症结，2021 年起，重庆和四川两地协同立法，共抓大保护，协同推进化工污染整治、水环境治理和固体废物治理，川渝携手共护一江碧水，真正实现了嘉陵江由乱到治、由“伤疤”变“氧吧”的绿色转变，重现鸢飞鱼跃、一江清水向东流的生态美景。

长江横贯中国西中东部，流域面积广，涉及 19 个省区市，唯有正确把握整体推进和重点突破的关系，才能全面做好长江生态环境保护修复工作。

生态环境问题的复杂性和艰巨性，决定了重点攻坚的重要性，生态环境的长期性和系统性，又决定了协同治理的必要性。重点攻坚为协同治理奠定基础，协同治理有利于更扎实有效地开展重点攻坚；重点攻坚运用的是矛盾分析方法，协同治理运用的是系统思维方式；重点攻坚有利于带动全局工作提升，协同治理有利于全局工作的全面落实。

当前，中国生态环境保护结构性、根源性、趋势性压力尚未根本缓解，生态环境治理呈现问题点多面广、矛盾新旧交织、压力累积叠加的特点。新时代推进生态文明建设，要处理好重点攻坚和协同治理的关系，以改善生态环境质量为核心，构建流域统筹、区域协同、部门联动的生态环境保护大格局。

做足生态文明建设统筹协调的大文章

“卖炭翁”鄂尔多斯，已经成为历史。如今，鄂尔多斯高原上，一座座零碳产业园拔地而起，一台台智能风机“风头正劲”，新能源产业发展迅猛，为亮丽的北疆风景线注入了澎湃的绿色动能。

20 世纪 80 年代起，鄂尔多斯长期大规模煤炭开采带来的土地沙漠化、水资源枯竭和空气污染等一系列环境问题日渐凸显，为了让发展可持续，鄂尔多斯以煤矿区生态治理与修复为契机，统筹产业结构和能源结构绿色转型，不仅实现了世界荒漠化治理的奇迹，新能源全链条产业集群也初具规模，“黄河变绿”成为老工业基地实现脱“黑”向“绿”、由“绿”生“金”生态“蝶变”的最佳见证。

处理好重点攻坚和协同治理的关系，就是要抓住主要矛盾和矛盾的主要方面，对突出的生态环境问题采取有力措施，同时强化目标协同、多污染物控制协同、部门协同、区域协同、政策协同，不断增强各项工作的系统性、整体性、协同性。

今后 5 年是美丽中国建设的重要时期，持续深入打好污染防治攻坚战，推动污染防治在重点区域、重要领域、关键指标上实现新突破，能够不断提高人民群众生态环境获得感、幸福感、安全感。同时，只有做足统筹协调的大文章，强化多污染物协同控制和区域污染协同治理，坚持把绿色低碳发展作为解决生态环境问题的治本之策，协同推进降碳、减污、扩绿、增长，才能实现生态环境效益、经济效益、社会效益多赢，在建设美丽中国上取得更大成就。

自然恢复与人工修复相辅相成*

当清退湿地养殖、清理外来物种后，福建省福州市滨海新城海岸带修复的主导权便被交给了自然。原本被鱼塘分割的水系恢复连通后，大自然展现了强大的自我恢复能力——水质越来越清、越来越净。福州东湖湿地修复一年后，植被数量由74科166属202种增加至80科176属221种，记录的鸟类总数和多样性指数也分别增加了22.8%和13.6%。这是综合运用自然恢复和人工修复两种手段推动生态保护修复的典型案例。

2023年7月，在全国生态环境保护大会上，习近平总书记深刻阐述了新征程上继续推进生态文明建设需要处理好的“五个重大关系”，其中之一就是“自然恢复和人工修复的关系”。

当生态明显退化时，及时开展人工修复是可行且必要的

2021年1月1日起，长江流域重点水域“十年禁渔”全面启动。

---

* 原文刊登于《人民日报海外版》2024年1月9日第8版，该文章为“美丽中国·欣欣向荣”系列报道文章之一，作者：郝亮，耿润哲。

11.1 万艘渔船、23.1 万名渔民退捕上岸，将河湖还给自然，万里长江得以休养生息。如今，江豚群体出现的频率显著增加，赤水河鱼类资源量达到禁捕前的 1.95 倍……

事实证明，当我们还自然以和谐宁静，自然就会还我们一片蓬勃生机。

自然生态系统是一个有机生命躯体，有其自身发展演化的客观规律，具有自我调节、自我净化、自我恢复的能力。治愈人类对大自然的伤害，首先要充分尊重和顺应自然，给大自然休养生息足够的时间和空间，依靠自然的力量恢复生态系统平衡。

但自然恢复也有着局限和极限，当生态系统受到严重损害或者破坏时，仅依靠自然的力量往往难以奏效。这就对人工修复提出了更高的要求，也给我们留下了积极作为、充分发挥主观能动性的广阔天地。

河南三门峡，小秦岭深处，是“万亩矿山修复”的重要区域。为抹去几年前 20 多万人“淘金”留下的山体伤痕，三门峡市打响轰轰烈烈的生态保卫战，封坑口，拆设施，清运矿渣，植树种草……如今，老鸦岔金矿“1770 坑口”下原本 300 多米长、40 多米高的矿渣渣坡已显著降低，层层坡面覆盖绿树、草丛，山泉、河水清清流淌，林麝、松鼠等野生动物屡现山间。

实践证明，当生态明显退化时，及时开展人工修复是可行且必要的。

自然恢复和人工修复相互促进，缺一不可

如今的贺兰山国家级自然保护区，岩羊不再居于深山，而是在山

林间时常出现，雪豹、豹猫等珍稀濒危野生动物也频繁“留影”。然而，历史上受放牧和矿山开采等大范围、高强度的人类活动干扰，贺兰山生态系统一度十分脆弱。

近年来，贺兰山国家级自然保护区积极消除矿山开采等人类干扰，实施生态保护修复工程，修复与拓展生态廊道等，并在生态修复中注重发挥自然的力量，在人工和自然的双重作用下，贺兰山再度焕发生机与活力。

自然恢复和人工修复都是对已经受损或退化的生态系统采取的行之有效的生态保护修复手段，二者既有所长亦有所短。人工修复的优点是可在短期内促进和恢复自然生机，缺点是成本高，修复后的生态系统抗干扰能力弱，稳定性与适应性较自然生态系统差。相比之下，依靠大自然的力量恢复生态，成本低，恢复后的生态系统结构与功能更稳定，但周期长、见效慢，难以恢复结构受损严重的生态系统。

因此，自然恢复和人工修复相互联系，相互促进，相辅相成，缺一不可。在实施人工修复时，要注重发挥大自然的力量，不断提升生态系统的多样性、稳定性、持续性；在采取自然恢复的手段时，也要充分发挥人的主观能动性，加快生态系统恢复进程。

新时代以来，统筹运用自然恢复和人工修复两种手段被越来越多地写进法律与政策。《中华人民共和国森林法》规定，各级人民政府应当采取以自然恢复为主、自然恢复和人工修复相结合的措施，科学保护修复森林生态系统。《中华人民共和国长江保护法》规定，国家对长江流域生态系统实行自然恢复为主、自然恢复与人工修复相结合的系统治理。这些都从顶层设计上为推进自然恢复与人工修复提供了法治保障。

积极探索自然恢复和人工修复深度融合的新路子

习近平总书记强调，要把自然恢复和人工修复有机统一起来，因地因时制宜、分区分类施策，努力找到生态保护修复的最佳解决方案。

乌梁素海位于黄河“几字弯”，当地在消除不当资源开发利用活动、切断点源污染的基础上，让自然多做功，将流域生态系统治理与绿色高质量发展紧密结合起来；被誉为“长江之肾”的洞庭湖当地政府铁腕治污，清理“私家湖泊”矮围、电鱼等掠夺式“开发”，让自然休养生息，加快发展环湖可持续经济社会发展圈……

中国幅员辽阔，各地自然、经济、社会条件千差万别，生态保护修复不能搞“一刀切”，必须以正确处理自然恢复和人工修复的关系为基础，结合自身特点探寻适宜的治理路径。

对于严重透支的草原、森林、河流、湖泊、湿地、农田等生态系统，要严格推行禁牧休牧、禁伐限伐、禁渔休渔、休耕轮作。对于水土流失、荒漠化、石漠化等生态退化突出问题，要坚持以自然恢复为主、辅以必要的人工修复，宜林则林、宜草则草、宜沙则沙、宜荒则荒。对于生态系统受损严重、依靠自身难以恢复的区域，则要主动采取科学的人工修复措施，加快生态系统恢复进程。城市特别是超大、特大城市和城市群，要积极探索自然恢复和人工修复深度融合的新路子，让城市更加美丽宜居。

未来 5 年是美丽中国建设的重要时期，生态保护修复工作必须继续坚持因地因时制宜、分区分类施策，统筹各方力量，不断优化各项工程和非工程措施，增强措施间的关联性和耦合性。以尊重自然的智慧、久久为功的韧性，不断拓宽绿水青山转化金山银山路径，让青山常在、碧水长流、空气常新。

内外并举　守护绿水青山*

一条古蜀道，半部华夏史。

剑门关天下闻名，是古蜀道核心标志之一。同一区域与剑门关互为依存、历史更为悠久的，还有一片目前存世时间最长、面积最大、数量最多的人工行道古树群——翠云廊。自明代开始，当地实行“官民相禁剪伐”“交树交印”等制度，一直沿袭至今、相习成风，当地百姓世代共同守护这条绿色廊道。

翠云廊古柏跨越千年苍翠如昔，离不开制度的外部约束与共治共享的内生动力。

在2023年7月召开的全国生态环境保护大会上，习近平总书记深刻阐述了新征程上继续推进生态文明建设需要处理好的“五个重大关系”，其中之一就是“外部约束与内生动力的关系”。

---

* 原文刊登于《人民日报海外版》2024年1月16日第8版，该文章为“美丽中国·欣欣向荣”系列报道文章之一，作者：王璇，郭红燕。

外部约束与内生动力是外因与内因的关系

外部约束是外因，是生态文明建设的必要条件；内生动力是内因，是生态文明建设的动力源泉，两者辩证统一、相互联系、互相转化。

保护好生态环境，防止过度索取、肆意破坏，就要有明确的边界、严格的制度，做到取用有节、行止有度，这就离不开强有力的外部约束。

厦门筼筜湖，以“筼筜渔火”美景而闻名。20世纪80年代，筼筜湖曾因高强度城市开发而水体恶化，成为令人望而却步的臭水湖。为恢复昔日碧水，福建省厦门市提出“依法治湖、截污处理、清淤筑岸、搞活水体、美化环境”的20字方针，修订出台湖区保护办法，依法持续推进筼筜湖生态治理。如今，筼筜湖白鹭低飞、碧波荡漾，蝶变为厦门最美城市会客厅，被联合国开发计划署向全球推广示范。

同样是治理水体污染，浙江省湖州市长兴县在全国率先建立河长制，设立全国首个法定“河长日”，让每一条河都有人管护。目前，长兴县共有400余名河湖长、2000余名塘渠长及万名民间志愿者活跃在巡河护河一线。如今，长兴又见水清岸绿，成为太湖流域耀眼明珠，多次荣获浙江省“五水共治”工作优秀市、县（市、区）“大禹鼎”。

生态环境没有替代品，与每个人息息相关。只有调动每个人的积极性，激发全社会共同呵护生态环境的内生动力，让更多主体从

"要我做"到"我要做"，才能把建设美丽中国转化为全体人民自觉行动。

外部约束与内生动力互为支撑，二者缺一不可

"微笑天使"——长江江豚是长江旗舰物种，又被称为长江健康状况的"晴雨表"，曾因长江流域生态功能退化严重而一度处于濒危边缘。

实际上，自 2003 年以来，长江全流域实行每年 3 个月的禁渔制度。然而，违法捕捞、"竭泽而渔"屡禁不止，形成"资源越捕越少，生态越捕越糟"恶性循环，江豚生存状况未得到改观。

2020 年以来，针对长江流域生态环境保护和修复，中国启动长江十年禁渔计划，专门制定和实施《中华人民共和国长江保护法》，为推进长江流域保护与发展注入强有力的法治力量。同时，保护长江也获得越来越多的社会支持，昔日渔民上岸变身"护渔人"，众多环保社会组织、企业及公众共同守护，长江流域渔政协助巡护员超 2.5 万名。2022 年的调查结果显示，长江江豚种群数量为 1249 头，实现止跌回升的历史性转折。

实践证明，要从根本上解决生态环境问题，外部约束与内生动力缺一不可。只有实行最严格的制度、最严密的法治，保证生态文明建设的权威性、严肃性、连续性，才能为生态文明建设提供可靠保障。同时，尊重人民群众的主体地位，激发蕴藏在人民群众之中的丰富智慧与不竭力量，才能汇聚成生态文明建设的磅礴力量。

协同推进“要我做”与“我要做”

良好的生态环境是最公平的公共产品，最普惠的民生福祉，要发挥这一公共产品的最大效用，既要坚持用最严格制度、最严密法治保护生态环境，让制度成为不可触碰的高压线，又要不断创新体制机制，推动人人动手、人人尽责，让保护生态环境成为各责任主体的自觉行动。

当前，中国生态环境治理体系仍有待健全，有的地方生态环境监管流于表面、监管不到位，有的企业法律意识淡薄，存在不正常运行污染治理设施、超标排放、监测数据造假等问题。

新征程上，要进一步深化和拓展对生态文明建设的规律性认识，处理好外部约束和内生动力关系，科学把握和发挥内外双重驱动的作用。

制度建设是推进生态文明建设的重中之重。党的十八大以来，中国制定或修订相关法律行政法规 30 余部，不断完善生态环境保护法律制度体系，深化生态文明体制改革，制订几十项改革方案，生态文明“四梁八柱”性质的制度体系基本形成。接下来，要继续健全现代环境治理体系，持续推进重点领域法律法规制修订，继续发挥中央生态环境保护督察利剑作用，强力督察、严格执法、严肃问责，筑牢生态文明建设的硬框框、硬约束，推动制度优势充分转化为治理效能，为美丽中国建设保驾护航。

同时，要大力弘扬生态文明理念，培育生态文化，倡导绿色生产生活方式，传播生态文明建设中孕育形成的塞罕坝精神、右玉精神、“三北精神”等，引导全社会树牢生态文明价值观，形成人人、事事、时时、处处崇尚生态文明的社会氛围，推动美丽中国共建共享。

稳中求进　奔向“双碳”目标*

作为“能源大省、煤炭大省”，山西省曾以“点亮全国一半灯，烧热华北一半炕”为傲。如今，面对实现碳达峰碳中和目标的艰巨任务，山西省加快传统产业转型升级，壮大新兴产业，发展的“含绿量”不断提高，生态环境持续向好。

实现碳达峰碳中和，对中国而言是一次大考，既要有“言必信，行必果”的大国担当，也要按照自身发展的节奏自主行动。在 2023 年 7 月召开的全国生态环境保护大会上，习近平总书记深刻阐述了新征程上推进生态文明建设需要处理好的“五个重大关系”，其中之一就是“‘双碳’承诺和自主行动的关系”。

处理好“双碳”承诺和自主行动的关系，体现了稳与进的有机统一

氢能作为火炬燃料，氢能大巴穿梭接驳，三大赛区 26 个场馆实

---

* 原文刊登于《人民日报海外版》2024 年 1 月 23 日第 8 版，该文章为“美丽中国・欣欣向荣”系列报道文章之一，作者：李媛媛，李丽平。

现100%绿电供应，采用低碳办公等诸多低碳管理措施，北京冬奥会成为首届实现碳中和的冬奥会。

“绿色”是杭州亚运会办赛理念之一，绿色理念融入场馆全生命周期，杭州亚运会同样实现了100%绿电供应，成为首届实现碳中和的亚运会。

绿色低碳在中国蔚然成风，“双碳”目标已经成为引领中国高质量发展的“绿色引擎”。

2021年全国两会上，碳达峰、碳中和首次被写入国务院政府工作报告。中央层面成立了碳达峰碳中和工作领导小组，建立统筹协调机制，构建碳达峰碳中和“1+N”政策体系。截至2022年底，中国可再生能源装机达到12.13亿千瓦，首次超过煤电装机总量。2022年中国可再生能源发电量相当于减少二氧化碳排放22.6亿吨。

但是，实现“双碳”目标是一场广泛而深刻的变革，是一项复杂工程和长期任务，不是轻轻松松就能实现的，更不可能毕其功于一役。推进“双碳”工作必须坚持稳中求进，逐步实现。

“进”就是“二氧化碳排放力争于2030年前达到峰值，努力争取2060年前实现碳中和”，态度和决心上毫不动摇。

“稳”就是把握好降碳的节奏和力度，实事求是，循序渐进，持续发力。

“进”和“稳”不是割裂的，而是辩证统一的，既不能受制于他人，搞“碳冲锋”，也不能一味为了稳而放弃经济社会全面转型的大好契机。

推进“双碳”工作等不得也急不得

实现碳达峰碳中和不是一个可选项，而是必选项。

中国提出实现碳达峰碳中和的目标，是基于推动构建人类命运共同体的责任担当和实现可持续发展的内在要求而作出的重大战略决策。

煤，是内蒙古鄂尔多斯绕不开的话题。因煤而兴的另一面，是受煤所困。“煤都”鄂尔多斯的抉择格外棘手，高能耗、高碳排放产业的发展空间日益受限，亟需在支柱产业做减法的同时锁定新的增长点。

鄂尔多斯不是个案。中国以往的粗放型增长方式造成资源能源过快消耗和生态环境被破坏，迫切需要找到一条新的发展路径。而把“双碳”工作纳入生态文明建设整体布局和经济社会发展全局，走绿色循环低碳发展之路，是一条可行的转型之路。

但也要看到，从碳达峰到碳中和，欧盟将用 71 年，美国要用 43 年，日本也将需要 37 年，而中国给自己规定的时间只有 30 年。与欧盟、美国等发达国家和地区相比，中国是在人均国内生产总值相对较低的情况下提出“双碳”目标，需要付出的努力和成本远大于这些国家和地区。

作为世界上最大的发展中国家，中国将用世界历史上最短的时间实现从碳达峰到碳中和，难度可想而知。以能源结构调整为例，清洁能源发展还需要坚实的科技创新、绿色赋能，能源革命不可能一蹴而就。短时间内改变能源结构不仅不利于能源安全，经济社会发展也将受到严重影响。

急不得是基于国情现状的科学态度。习近平总书记指出："不能把手里吃饭的家伙先扔了，结果新的吃饭家伙还没拿到手，这不行。既要有一个绿色清洁的环境，也要保证我们的生产生活正常进行。"

积极稳妥推进碳达峰碳中和工作

阳光照耀下，光伏板熠熠生辉，渔民撑一叶小舟，在其下穿梭——这不是科幻电影的场景，而是广东省江门市海宴镇渔业光伏发电项目的真实场景。生生不息的光合作用，让广东湛江的红树林产生巨大的"碳汇"；在广州碳排放权交易所，大屏幕上不断跳动的数字是看不见也摸不着的二氧化碳——广东既是经济大省，也是能源消费大省，广东正以切实的努力，奔向"双碳"目标。

实现碳达峰碳中和是一场硬仗，也是对中国共产党治国理政的一场大考。积极稳妥推进碳达峰碳中和，态度要积极，方式要稳妥。

新征程上，我们要坚持全国统筹、节约优先、双轮驱动、内外畅通、防范风险的原则，处理好发展和减排、整体和局部、长远目标和短期目标、政府和市场的关系。落实好碳达峰碳中和"1+N"政策体系，有计划、分步骤实施碳达峰行动；构建清洁低碳安全高效的能源体系，加快构建新型电力系统，提升国家油气安全保障能力；推进技术创新、模式创新，加快产业绿色转型步伐；建立健全"双碳"工作激励约束机制；积极参与应对气候变化全球治理。

推进碳达峰碳中和，不是别人要我们做，而是我们自己要做。一诺千金，言出必行，必须以“功成不必在我”的精神境界、“功成必定有我”的历史担当，推动“双碳”目标如期实现。

共建清洁美丽世界[*]

地球是人类的唯一家园，建设美丽家园是我们每个人的共同梦想。在党的二十大报告中，习近平总书记提出，“坚持绿色低碳，推动建设一个清洁美丽的世界”。这是中国式现代化的重要任务，也是中国坚定不移构建人类命运共同体的重要宣示，彰显大党大国的责任担当，为推动实现人类可持续发展贡献中国智慧、中国方案和中国力量。

一、人与自然如何相处的现代化之问

大自然是人类赖以生存发展的基本条件。人与自然是生命共同体，生态环境变化直接影响文明兴衰演替。如何正确处理人与自然关系，关乎人类未来。“竭泽而渔还是人与自然和谐共生？”这是2023年3月15日，中共中央总书记、国家主席习近平在中国共产党与世

* 原文刊登于《中国新闻发布》（实务版）2023年第5期，作者：钱勇。

界政党高层对话会上的主旨讲话中提出的“现代化之问”，也是攸关世界各国永续发展的重大课题。

人与自然关系是人类社会最基本的关系。一部人类文明发展史，也是一部人与自然的关系史。从古埃及、古巴比伦和中国古楼兰等的兴起与衰落，到工业革命以来全球生态环境问题日益凸显、人类生存和发展难以为继的现状，无不表明生态兴则文明兴、生态衰则文明衰，人类必须尊重自然、顺应自然、保护自然。早在原始文明、农耕文明时期，世界各国的先民就形成了依赖自然、崇拜自然、顺从自然的朴素生态伦理观。但进入工业文明以来，人类高强度利用、掠夺自然，人与自然深层次矛盾日益显现，引发人们对人与自然关系的思考。地球还能承载人类发展多久，人类文明能否永续发展下去，我们应该追求什么样的发展……成为摆在全世界人民面前必须回答的重大问题。

发达国家“先污染后治理”老路难以为继。现有发达国家推进现代化的过程中，大量消耗、大量排放，不计自然成本和环境代价，在实现自身生产力快速发展的同时，给全球带来了巨大的生态环境赤字。面对日益严重的生态环境危机，发达国家逐步开展污染治理，并通过产业转移，逐步将高污染、高消耗产业向发展中国家转移。这样一条“先污染、后治理、再转移”的路子，实质上仍未摆脱对自然掠夺、对他国掠夺的本质。迄今为止，全球实现现代化的国家和地区人口不到10亿，仅为全球总人口的八分之一。而对于后发国家来说，一方面，全球自然生态安全边界已然接近极限，继续走老路，地球必然无法承受；另一方面，全球资源条件有限，继续走老路，必然难以为继。如何跳出破坏性发展的恶性循环，实现发展与保护的双赢，是后发国家必然面对的大问题。

全球环境治理困境呼唤新的人与自然相处之道。从 1987 年联合国环境与发展委员会正式提出可持续发展理念，到 2015 年联合国大会第七十届会议上通过的《2030 年可持续发展议程》，国际社会不断探索解决工业文明带来的诸多环境问题，在政策和实践方面积极行动并取得进展。但由于不可持续的消费和生产模式，地球依然面临多重生态环境社会治理危机。从长远来看，人类社会如果无法朝着正确的方向前进，生物多样性锐减、生态系统崩溃、人类健康状况下降、极端气候破坏和资源枯竭将愈演愈烈。同时，国际社会不稳定、不确定性因素仍然在上升，治理赤字、信任赤字、和平赤字、发展赤字有增无减，全球环境治理也陷入一系列矛盾与困境。责任缺失、利益冲突、监管缺位、协调不畅等导致生态环境领域的治理赤字愈发凸显。如何改善人与自然的关系，确保拥有一个可持续的未来，建设一个清洁美丽的世界，成为人类必须回答的时代之问。

二、人与自然和谐共生的中国探索与回答

追求人与自然和谐相处，是五千多年中华文明蕴含的生态智慧和生态文化。中国古人很早就形成了质朴睿智的自然观，《易经》“观乎天文，以察时变；观乎人文，以化成天下”，《老子》“人法地，地法天，天法道，道法自然”等，都表达了先人对处理人与自然关系的重要认识。进入新时代，以习近平同志为核心的党中央，坚持可持续发展理念，像保护眼睛一样保护自然和生态环境，努力探索人与

自然和谐共生的发展之道，积极推进中国式现代化之路。

形成作为根本遵循的习近平生态文明思想。理论是行动的先导。党的十八大以来，以习近平同志为核心的党中央，大力推动生态文明理论创新、实践创新、制度创新，创造性提出一系列富有中国特色、体现时代精神、引领人类文明发展进步的新理念新思想新战略，形成习近平生态文明思想。习近平生态文明思想系统深刻回答了为什么建设生态文明、建设什么样的生态文明、怎样建设生态文明等重大理论和实践问题，系统阐释了人与自然、保护与发展、环境与民生、国内与国际等关系，开创了生态文明建设新境界。这一重要思想是马克思主义基本原理同中国生态文明建设实践相结合、同中华优秀传统生态文化相结合的重大成果，是习近平新时代中国特色社会主义思想的重要组成部分，是新时代中国生态文明建设的根本遵循和行动指南。随着习近平生态文明思想深入人心，全党全国全社会推动生态文明建设的自觉性和主动性显著增强。

推进美丽中国建设迈出重大步伐。新时代以来，在习近平生态文明思想科学指引下，中国坚持绿水青山就是金山银山的理念，坚持山水林田湖草沙一体化保护和系统治理，污染防治攻坚向纵深推进，绿色、循环、低碳发展迈出坚实步伐。全国以年均3%的能源消费增速支撑了年均6%以上的经济增长；全国地级及以上城市细颗粒物（PM2.5）年均值由2015年的46微克/立方米降至2022年的29微克/立方米，从而成为全球大气质量改善速度最快的国家；全国地表水Ⅰ~Ⅲ类水质断面比例为87.9%。中国生态环境保护发生历史性、转折性、全局性变化，创造了举世瞩目的生态奇迹和绿色发展奇迹，中华大地天更蓝、山更绿、水更清，人民群众的生态环境获得感、幸福感、安全感不断增强。

探索人与自然和谐共生的现代化道路。中国式现代化的一个重要特色就是要建设人与自然和谐共生的现代化。第一，这是生态优先的现代化，就是尊重自然、顺应自然、保护自然，不走西方的老路，以自然之道，养万物之生，保持自然生态系统的原真性和完整性，保护生物多样性，留给自然生态休养生息的空间。第二，这是满足人类对美好生态环境需求的现代化，就是充分考虑人类对美好生活的向往和对优良生态环境的期待，努力实现生态文明的公平正义，创造良好的自然资源共有共享条件。第三，这是高质量发展的现代化，就是把人类活动限制在生态环境能够承受的限度内，坚持走绿色低碳发展的道路，从保护自然中寻找发展机遇，解决工业文明带来的矛盾，实现生态环境保护和经济高质量发展双赢。新时代十年生态文明建设取得的历史性成就、发生的历史性变革雄辩地证明，走人与自然和谐共生的现代化道路，是符合中国实际、行得通、走得好的现代化道路。

推动共谋全球生态文明之路。中国坚持天下为公，不仅着力保护本国生态环境，也从全人类共同利益出发，致力于共建全球生态文明和清洁美丽的世界。在推动全球可持续发展的国际舞台上，中国坚定践行多边主义，坚持共商共建共享的全球治理观，努力推动构建公平合理、合作共赢的全球环境治理体系。引领全球气候治理进程，推动《巴黎协定》达成、签署、生效和实施，宣布碳达峰碳中和目标愿景，不再新建境外煤电项目，彰显负责任大国形象。成功召开《生物多样性公约》第十五次缔约方大会，推动达成了具有历史性成果的文件——“昆明—蒙特利尔全球生物多样性框架”，成为全球生物多样性治理的新里程碑。倡导建立“一带一路”绿色发展国际联盟和“一带一路”生态环保大数据服务平台，帮助沿线国家提高生态环境治理水平。中国生态文明建设成就得到国际社会广泛肯定，已成为全球生态文明建设的重要参与者、贡献者、引领者。

三、习近平生态文明思想是人类社会实现可持续发展的共同精神财富

习近平生态文明思想是过去我们为什么能够成功、未来我们怎样才能够继续成功的“绿色密码”。

面向全球，习近平主席倡议共同构建地球生命共同体，共建清洁美丽世界，彰显了大国领袖的全球视野、世界眼光和天下情怀。这一重要思想凝结着对发展人类文明、建设清洁美丽世界的睿智思考和深刻洞见，是中国式现代化和人类文明新形态的重要内容和重大成果，实现了人类文明发展史上的一次重大理论创新和思想变革，为全球可持续发展、建设清洁美丽世界提供了科学指引。

开辟了人类可持续发展理论新境界。习近平总书记融汇全人类先进的生态观点、理念、实践，吸收人类现代文明进步和全球可持续发展理论，将习近平生态文明思想升华为一个系统的、指导人类可持续发展的理论体系，开辟了全球人类可持续发展的新境界。这一思想创造性提出生态兴则文明兴、人与自然和谐共生，革新了对人与自然关系的认识。这一思想创造性提出绿水青山就是金山银山，强调绿色发展是发展观的深刻革命，革新了对发展与保护辩证关系的认识。这

一思想创造性提出良好生态环境是最普惠的民生福祉，强调良好生态环境是最公平的公共产品，革新了对环境与民生关系的认识。这一思想创造性提出共谋全球生态文明建设之路，强调积极参与全球生态环境治理，革新了对国内和国际关系的认识。党的二十大提出“站在人与自然和谐共生的高度谋划发展”，将可持续发展理论又提升到一个新的高度。

提供了人与自然和谐共生现代化的中国方案。世界上既不存在定于一尊的现代化模式，也不存在放之四海而皆准的现代化标准。习近平总书记深刻反思西方传统现代化模式，分析西方式现代化道路在解决生态环境问题上的不足，坚决摒弃西方以资本为中心、物质主义膨胀、先污染后治理的现代化老路，打破“现代化等于西方化”的迷思，开创了一条人与自然和谐共生的中国式现代化道路。习近平总书记指出，我们要建设的现代化是人与自然和谐共生的现代化，既要创造更多物质财富和精神财富以满足人民日益增长的美好生活需要，也要提供更多优质生态产品以满足人民日益增长的优美生态环境需要。党的二十大进一步强调促进人与自然和谐共生是中国式现代化的本质要求之一，在世界上树立了现代化生态文明价值取向，为发展中国家解决人与自然和谐共生问题提供了新的选择。

创造了人类生态文明新形态。习近平总书记深刻指出，生态文明是人类文明发展的历史趋势。人类经历了原始文明、农业文明、工业文明，生态文明是工业文明发展到一定阶段的产物，是实现人与自然和谐发展的新要求，是人类文明发展进步的新形态和新道路。生态文明作为文明新形态，成熟于中国大地的实践土壤，代表了更加先进的生产力和生产关系，实现了人口、资源、环境与社会生产力发展的协调适应，推动了人类文明由工业文明向生态文明的范式转型。习近平生态文明思想扩展了人类文明新形态的深刻内涵，丰富和发展了对人类文明发展规律、自然规律、经济社会发展规律的认识，彰显了中国特色、战略眼光和世界价值，必将对重构人与自然关系，重建全球绿色生态体系，深化全球生态环境治理格局产生深远的世界影响。

四、勇担共建清洁美丽世界的使命

建设绿色家园是人类的共同梦想。为了共同的未来，国际社会应站在对世界文明负责的高度，秉持人类命运共同体理念，追求人与自然和谐、追求绿色发展繁荣、追求热爱自然情怀、追求科学治理精神、追求携手合作应对，共建人与自然生命共同体，共建清洁美丽世界。

坚持人与自然和谐共生。人与自然是生命共同体，无止境地向自然索取甚至破坏自然必然会遭到大自然的报复。我们要站在人与自然和谐共生的高度谋划发展，以资源环境承载力为基础，以人与自然和谐相处为目标，构筑尊崇自然、绿色发展的生态体系，解决好工业文明带来的矛盾，实现世界的可持续发展和人的全面发展。

坚持绿色低碳发展。推动绿色低碳发展是国际潮流所向、大势所趋。我们要彻底改变过去那种以牺牲生态环境为代价换取一时经济发展的短视做法，摒弃损害甚至破坏生态环境的发展模式，以科技创新为驱动，加快经济社会全面绿色转型，大力推进经济、能源、产业结构转型升级，推动形成绿色低碳的生产方式和生活方式。

坚持以人为本。生态环境关系各国人民的福祉，保持良好生态环境是各国人民的共同心愿。我们要心系各国民众对美好生活的向往和对美好生态环境的需求，加强全球环境治理合作交流，在绿色转型过程中努力实现社会公平正义，实现保护环境、发展经济、创造就业、消除贫困等多面共赢。

坚持真正的多边主义。面对气候变化、海洋污染、生物保护等全球性环境问题，全球行动、全球应对、全球合作是人类唯一的选择。我们要坚持以国际法为基础、以公平正义为要旨、以有效行动为导向，维护以联合国为核心的国际体系，坚持共同但有区别的责任，遵循《联合国气候变化框架公约》以及《巴黎协定》的目标和原则，努力落实 2030 年可持续发展议程，推动“昆明—蒙特利尔全球生物多样性框架”等机制的有效执行。

进一步深化习近平生态文明思想的大众化传播*

习近平生态文明思想是马克思主义中国化时代化最新理论成果在生态文明领域的集中体现，是新时代推进美丽中国建设、实现人与自然和谐共生的现代化的强大思想武器，具有鲜明的科学性、时代性、先进性和实践性。推进习近平生态文明思想大众化传播是党的宣传思想工作的重要组成部分，也是生态环境保护事业的重要内容，发挥着高举旗帜、引领导向、鼓舞士气、成风化人、凝心聚力、展示形象的关键作用。只有通过持续深入地开展习近平生态文明思想大众化传播，才能更好地运用这一创新理论武装全党、教育人民、指导实践，进而转化为认识世界、改造世界的强大物质力量，为建设人与自然和谐共生的美丽中国注入澎湃动能。

---

* 原文刊登于《红旗文稿》2023 年第 19 期，作者：习近平生态文明思想研究中心。

一、开展习近平生态文明思想大众化传播是全面推进美丽中国建设的重要举措

思想是行动的先导，理论是实践的指南。习近平生态文明思想是全面推进美丽中国建设的定盘星、指南针和金钥匙，深化习近平生态文明思想的大众化传播工作，推动习近平生态文明思想更加深入人心，对于推动生态文明建设各项工作具有重要现实意义。

有利于推动全社会准确理解习近平生态文明思想。习近平生态文明思想是对党领导生态文明建设实践成就和宝贵经验提炼升华的重大理论创新成果，是关于生态文明建设的认识论、价值论和方法论，是一个系统完整、逻辑严密、内涵丰富、博大精深的科学体系。开展好习近平生态文明思想大众化传播，普及生态文明创新理论，将抽象理论以通俗易懂的方式宣传出去，有利于推动全社会正确理解习近平生态文明思想的核心要义、丰富内涵、精神实质和实践要求，增强全社会生态文明意识，激发起全社会共同呵护生态环境的内生动力。

有利于推动全社会牢固树立社会主义生态文明观。习近平总书记强调："一个国家，一个民族，要同心同德迈向前进，必须有共同的理想信念作支撑。"习近平总书记在党的十九大报告中指出，"生态文明建设功在当代、利在千秋。我们要牢固树立社会主义生态文明观，推动形成人与自然和谐发展现代化建设新格局"。生态文明价值观的培育是践行社会主义核心价值观的应有之义，也是推进生态文

明建设的重要内容。通过推进习近平生态文明思想大众化传播，持续弘扬生态文明主流价值观，倡导尊重自然、爱护自然的绿色价值观念，有助于引导全社会建立生态文明情感认同、价值认同和行为认同，唤醒民众向上向善的生态文化自信与自觉，形成全社会崇尚生态文明的良好风尚，为建设人与自然和谐共生的美丽中国凝聚广泛社会共识。

有利于增强全民生态环境保护和生态文明建设行动自觉。习近平总书记指出："生态文明是人民群众共同参与共同建设共同享有的事业，要把建设美丽中国转化为全体人民自觉行动。"习近平生态文明思想强调每个人都是生态环境的保护者、建设者、受益者，没有哪个人是旁观者、局外人、批评家，深刻回答了生态文明建设行动主体及其权责问题。通过推进习近平生态文明思想大众化传播，开展多种形式生态文明宣传教育活动，如设立"全国生态日"，搭建碳普惠平台，营造有利于公众参与生态文明建设的各类场景等，能够引导全社会践行简约适度、绿色低碳、文明健康的生活方式和消费方式，以实际行动减少能源资源消耗和污染排放，实现从"思想自觉"到"行动自觉"，形成建设美丽中国的强大合力。

二、把握"四个坚持"，更好地构建习近平生态文明思想大众化传播体系

开展习近平生态文明思想大众化传播是一项长期系统工程，涉及群众思想工作与社会动员工作，涉及政府、企业、社会组织和个人

等各类主体，涉及从建立生态文明理念到践行绿色生产生活方式等。因此，要强化系统观念，准确把握习近平生态文明思想大众化传播的本质要求，加快构建更系统、更高效的大众化传播体系，为阐述和传播习近平生态文明思想提供强有力支撑。

坚持高扬思想旗帜，充分阐明习近平生态文明思想的真理力量与实践伟力。党的十八大以来，在习近平生态文明思想的科学指引下，生态文明建设从理论到实践都发生了历史性、转折性、全局性变化，美丽中国建设迈出重大步伐。在推进美丽中国建设的新征程上，开展习近平生态文明思想大众化传播应有更高要求，要注重其系统性、科学性、思想性和实践性。要准确把握习近平生态文明思想的科学内涵和核心要义，围绕习近平生态文明思想“十个坚持”，结合蕴含的马克思主义立场观点方法，讲清楚新时代生态文明建设的根本保证、历史依据、基本原则、核心理念、宗旨要求、制度保障等，充分彰显习近平生态文明思想的原创性理论贡献。要准确把握新时代十年生态文明建设的成就，重点围绕“四个转变”，以数字、事实、案例为依据，讲清楚生态环境保护事业发生的历史性、转折性、全局性变化，着力宣传推广地方绿色发展的成功经验和典型案例，彰显习近平生态文明思想的实践伟力。要准确把握习近平生态文明思想的实践要求，立足服务“两个大局”，紧紧围绕新征程上推进生态文明建设需要处理好的“五个重大关系”，讲清楚生态文明建设新的目标方向、历史任务与战略部署，深入阐释坚持绿色发展、努力建设人与自然和谐共生的中国式现代化道路，彰显习近平生态文明思想的战略性与时代性。

坚持人民至上，充分把握习近平生态文明思想大众化传播的本质要求。习近平生态文明思想大众化传播具有统一思想、振奋士气、凝聚力量等关键作用，其本质要求是通过广泛宣传，引导全社会完整、准确、全面理解和掌握习近平生态文明思想，增强参与生态文明建设的思想自觉与行动自觉，加快形成美丽中国共建共治共享大格局。因此，推进习近平生态文明思想大众化传播，必须站稳人民立场，着力处理好几个关键点。第一，讲为什么建设生态文明时，要从人民的根本利益和需求出发，讲清楚开展生态文明建设就是要聚焦处理人民群众普遍关注的生态环境问题和发展问题，是对人民日益增长的优美生态环境和美好生活需要的积极回应。第二，讲如何建设生态文明时，要讲清楚政府在生态文明建设方面的思路理念、决策部署、蓝图规划、制度机制等，增强全社会对建设生态文明的信心，筑牢生态文明建设的社会共识。第三，讲生态文明建设依靠谁时，要讲清楚生态文明建设的责任主体，除了加强党的全面领导和政府主导，还需要全社会共同参与，鼓励社会以践行绿色生活方式、监督参与环保等多种方式参与生态文明建设。

坚持“两个结合”，充分把握习近平生态文明思想的历史文化底蕴。习近平生态文明思想根植和升华于生生不息的中华文明，是马克思主义基本原理同中国生态文明建设实践相结合、同中华优秀传统生态文化相结合的重大成果。习近平生态文明思想传承“天人合一”“道法自然”“取之有度”等生态智慧和文化传统，并对其进行创造性转化、创新性发展，将中华优秀生态文化的思想精髓融入生态文明主流价值观，为生态文明建设提供绵延不断、与时俱进的生态文化滋养。因此，深入推进习近平生态文明思想大众化传播，必须把握挖掘和应用好中国传统生态文化。要从渊源基础入手，讲清楚习近平生态文明思想与优秀传统生态文化的关系，阐释好习近平生态文明思想对于人与自然和谐共生规律性认识与发展。要做到古为今用，挖掘优秀传统生态文化中蕴含的哲学思想、人文精神等，如儒家、道家文化中“民胞物与”“以时禁发”等生态哲学观，农耕文化中“应时、取宜、守则、有度”生态智慧，赋予其新的时代内涵和现代阐发形式，涵养和培育现代人的生态文明价值观。

坚持遵循传播规律，充分把握新发展阶段大众化传播的新特点新趋向。习近平总书记强调，要加强传播手段和话语方式创新，让党的创新理论“飞入寻常百姓家”。当前，融媒体时代已经进入深水区，移动互联网、虚拟现实、人工智能等新型媒介技术不断迭代演进，传媒格局与舆论生态得到重塑，受众的主观能动性被彻底释放，思想观念更加多元化。因此，推进习近平生态文明思想大众化传播，需要用好生态文明议题贴近大众的天然优势，紧密结合现阶段大众化传播的新特点与新趋向，才能更加事半功倍地提升传播效能。坚持“内容为王”，紧密结合生态文明建设重点工作和公众关注点，加强议题设置，努力推出更多有权威、有思想、有生命力、有竞争力的优质内容，以价值含量驾驭信息流量。坚持“差异化”策略，深入研究群众的阶层构成、文化层次与群体特点，制定分类分层次的宣传方案，使理论宣传能够做到“精准覆盖”。坚持“接地气”，从群众便于参与、乐于参与的角度，精心设计传播载体，变概念化为形象化、灌输式为互动式，在真诚对话中力争说理透彻、以理服人。巩固宣传主阵地，创新传播手段，将习近平生态文明思想的精髓用群众听得懂、看得懂的方式描绘出来，强化理论宣传的正向导向。

三、找准着力点，进一步深入推进习近平生态文明思想大众化传播

今后 5 年是美丽中国建设的重要时期。当前，我国经济社会发展已进入加快绿色化、低碳化的高质量发展阶段，生态文明建设仍处于压力叠加、负重前行的关键期，生态环境保护任重道远，深化习近平生态文明思想大众化传播的必要性与重要性更加凸显。要结合新阶段新形势新要求，深入探索习近平生态文明思想大众化传播的规律，找准着力点、找到抓手，在叙事体系、方式方法、传播载体等方面有所创新，不断扩大习近平生态文明思想影响力与感召力。

加快建构生态文明大众化传播的叙事体系，讲好生态文明的理论创新与实践成果。围绕理论逻辑、历史逻辑和现实逻辑，建构习近平生态文明思想大众化传播的话语体系框架，以服务美丽中国建设为方向引领，以习近平生态文明思想的理论阐述与生态文明建设成功实践为核心议题，以污染防治、生态保护、气候变化、绿色发展等生态文明建设重点工作和公众关心的环境问题作为大众化传播的重要议题。加快构建生态文明大众化传播的叙事体系，以讲好生态文明建设故事为着力点，总结和提炼各地生态文明示范建设、美丽河湖建设、生物多样性保护等实践案例，更加鲜活、立体地展现生态文明故事及其背后的思想力量和精神力量，进一步推动习近平生态文明思想理论与实践贯通与转化。

大力弘扬生态文化，厚植崇尚生态文明的社会风尚。积极培育生

态文化和生态道德，包括弘扬“尊重自然、顺应自然、保护自然”的生态价值观，反对生态破坏；大力培育绿色消费观，反对奢侈浪费、过度消费；倡导绿色政绩观，反对急功近利等。不断增强全社会的生态意识、环保意识、责任意识等，达到立德树人、以文化人目标，推动生态文化成为全社会的共同价值理念，增强生态文明建设的“向心力”。加强和推动多领域合作或协作，共同繁荣生态文化。鼓励文化界、美术界、摄影界、电影界、文艺界等跨界参与，深入实践、深入生活、深入群众，多创作以生态文明为主题的文化文艺作品，融思想性、艺术性、观赏性于一体，以文立心，引导公众像保护眼睛一样保护生态环境，像对待生命一样对待生态环境。

创新宣传路径方法，不断提高生态文明宣教质效。深入调查研究不同群体特征，制定差异化宣传引导策略，在运用传统有效手段的同时，积极运用信息革命的成果，构建网上网下同心圆，不断增强理论传播的实际成效。一方面，要不断完善和运用好现有宣传平台和载体。用好包括六五环境日活动、环保设施对外开放活动、“美丽中国，我是行动者”主题实践活动、生态环境志愿服务活动等，吸引更多公众参与生态环境主题活动，在实践中深刻领悟和体会习近平生态文明思想的价值与魅力。另一方面，不断创新传播手段和载体。融合生态文明理论专家与技术专家，采用个性化制作、可视性呈现、互动式传播方式，不断推出有吸引力、说服力的理论传播精品力作。融合理论骨干和“群众名嘴”，进一步下沉理论传播重心。用人民群众的身边事、平凡人、小道理，讲好追求美好生态环境和参与生态文明建设的大逻辑、大情怀、大道理。

深入开展习近平生态文明思想传播研究，强化技术支撑。持续加强习近平生态文明思想的学理化阐述，强化哲学基础、理论读物编写、权威教材编制等方面研究工作，为习近平生态文明思想大众化传播提供权威资料支撑。加强对习近平生态文明思想大众化传播规律的研究，包括理论凝练、逻辑建构、传播机制方法等，适时开展大众化传播效果评估，识别受众对习近平生态文明思想的整体认知情况及影响要素等，为提高大众化传播效能提供有力支撑。

深刻领悟习近平生态文明思想 以高质量报道推动美丽中国建设*

习近平生态文明思想是习近平新时代中国特色社会主义思想的重要组成部分，是新时代新征程我国生态文明建设的根本遵循和行动指南。2023 年 7 月，时隔 5 年，党中央再次召开全国生态环境保护大会，习近平总书记发表重要讲话，提出了一系列新理念新思想新战略新要求，是习近平生态文明思想在实践基础上的新创造、新丰富、新发展。大会的一个重大贡献，就是进一步概括总结了习近平生态文明思想以“十个坚持”“四个重大转变”“五个重大关系”为主要内容的科学理论体系。

一、“十个坚持”系统总结了社会主义生态文明的建设规律，是我们宣传习近平生态文明思想需要把握的核心内容和时代内涵

习近平生态文明思想深刻回答了新时代生态文明建设的根本保

* 原文刊登于《中国记者》2023 年第 10 期，作者：宁晓巍，赵桓。

证、历史依据、基本原则、核心理念、宗旨要求、战略路径、系统观念、制度保障、社会力量、全球倡议等一系列重大理论与实践问题，就其主要方面来讲，集中体现为“十个坚持”。

坚持党对生态文明建设的全面领导，是我国生态文明建设的根本保证，必须坚决扛起美丽中国建设的政治责任。坚持生态兴则文明兴，是我国生态文明建设的历史依据，必须把生态文明建设作为关系中华民族永续发展的根本大计。坚持人与自然和谐共生，是我国生态文明建设的基本原则，强调尊重自然、顺应自然、保护自然，必须站在人与自然和谐共生的高度来谋划经济社会发展。坚持绿水青山就是金山银山，是我国生态文明建设的核心理念，必须坚持生态环境保护和经济发展的辩证统一关系。坚持良好生态环境是最普惠的民生福祉，是我国生态文明建设的宗旨要求，必须坚持生态惠民、生态利民、生态为民。坚持绿色发展是发展观的深刻革命，是我国生态文明建设的战略路径，必须促进经济社会发展全面绿色转型。坚持统筹山水林田湖草沙系统治理，是我国生态文明建设的系统观念，必须坚持系统观念，推进山水林田湖草沙一体化保护和修复。坚持用最严格制度、最严密法治保护生态环境，是我国生态文明建设的制度保障，必须把制度建设作为推进生态文明建设的重中之重。坚持把建设美丽中国转化为全体人民自觉行动，是我国生态文明建设的社会力量，必须完善共建共治共享机制政策，积极引导人民群众和社会组织共同参与生态文明建设。坚持共谋全球生态文明建设之路，是我国生态文明建设的全球倡议，必须秉持人类命运共同体理念，同舟共济、共同努力，构筑尊崇自然、绿色发展的生态体系。

这“十个坚持”概括了习近平生态文明思想的核心内容，是马克思主义关于人与自然关系思想的集中体现，赋予生态文明建设理论新的时代内涵，具有重大理论意义。这“十个坚持”体现了中华文化和中国精神的时代精华，强调敬畏历史、敬畏文化、敬畏生态，具有重大历史意义。这“十个坚持”对新形势下生态文明建设的总体思路、重大原则、目标任务、建设路径等作出全面谋划，开创了生态文明建设新境界，具有重大实践意义。这“十个坚持”汲取了全球可持续发展经验，是人类社会实现可持续发展的共同思想财富，倡议共建清洁美丽的世界，具有重大世界意义。

二、“四个重大转变”集中体现了新时代生态文明建设发生的历史性、转折性、全局性变化，是讲好美丽中国故事的重要抓手和丰富素材

新时代以来，以习近平同志为核心的党中央，以前所未有的力度抓生态文明建设，谋划开展了一系列开创性工作，决心之大、力度之大、成效之大前所未有。经过顽强努力，我国生态文明建设实现由重点整治到系统治理的重大转变、由被动应对到主动作为的重大转变、由全球环境治理参与者到引领者的重大转变、由实践探索到科学理论指导的重大转变，生态文明建设从理论到实践都发生了历史性、转折性、全局性变化，美丽中国建设迈出重大步伐。这“四个重大转变”，高度凝练总结了新时代生态文明建设举世瞩目的成就，成为新时代党和国家事业取得历史性成就、发生历史性变革的显著标志之一。

（一）由重点整治到系统治理是方式和方法的重大转变

新时代以来，我们从解决突出生态环境问题入手，注重点面结合、标本兼治，坚持统筹山水林田湖草沙一体化保护和系统治理，全方位、全地域、全过程加强生态环境保护，实现了生态环境治理从碎片化到系统化、从局部到全局的整体性飞跃。新时代以来，我们完整准确全面贯彻新发展理念，把碳达峰碳中和纳入经济社会发展全局和生态文明建设整体布局，以年均3%的能源消费增速支撑了年均超过6%的经济增长。坚持精准治污、科学治污、依法治污，扭转了生态环境恶化趋势。我国地级及以上城市PM2.5平均浓度累计下降57%，首次降到2022年的29微克/立方米，重污染天数减少93%，成为世界上空气质量改善最快的国家。我国地表水优良水体比例达到87.9%，已接近发达国家水平，地级及以上城市建成区黑臭水体基本消除。制定或修订30余部生态环境保护相关法律和行政法规，生态文明“四梁八柱”的制度体系基本形成。人民群众对生态环境的满意度超过90%，对优美生态环境的幸福感、获得感和安全感显著提升。

（二）由被动应对到主动作为是观念和责任的重大转变

进入新时代，我们坚持转变观念、压实责任，不断增强全党全国推进生态文明建设的自觉性、主动性，把建设美丽中国转化为全体人民的自觉行动。党从思想、法律、体制、组织、作风上全面发力，把生态文明建设纳入“五位一体”总体布局和协调推进“四个全面”战略布局，将“增强绿水青山就是金山银山的意识”写入党章，把生态文明正式写入宪法，推动经济社会发展进入加快绿色化、低碳化的高质量发展阶段。切实担负起生态文明建设的政治责任，严格落实环境保护“党政同责”和“一岗双责”，建立并实施生态文明建设目标评价考核和责任追究等制度。深入推进中央生态环境保护督察，实现两轮 31 个省（区、市）以及新疆生产建设兵团的督察全覆盖，并对 6 家中央企业和 2 个国务院有关部门开展督察，成为推动地方党委和政府及相关部门落实生态环境保护责任的硬招实招。全社会积极践行绿色发展理念，倡导绿色生活方式，绿水青山就是金山银山成为全党全社会的共识和行动。

（三）由全球环境治理参与者到引领者是胸怀和格局的转变

新时代以来，我们紧跟时代、放眼世界，承担大国责任、展现大国担当，站在对人类文明负责的高度，提出共建地球生命共同体等主张，创造了举世瞩目的生态奇迹和绿色发展奇迹。我国引领全球气候治理进程，推动《巴黎协定》达成、签署、生效和实施，宣布碳达峰碳中和目标愿景，不再新建境外煤电项目，二氧化碳排放强度下降35%左右，超额完成向国际社会承诺的目标，彰显负责任大国形象。成功召开《生物多样性公约》第十五次缔约方大会，推动达成历史性的“昆明—蒙特利尔全球生物多样性框架”，成为全球生物多样性治理的新里程碑。携手建设绿色“一带一路”，帮助沿线国家提高生态环境治理水平。我国累计完成造林 9.6 亿亩，占全球人工造林的1/4，是近 20 年来全球森林资源增长最多的国家。塞罕坝林场、浙江“千村示范、万村整治”工程获得联合国“地球卫士奖”。我国生态环境保护成就得到国际社会广泛认可，已经从全球生态文明建设的重要参与者转变为重要引领者。

（四）由实践探索到科学理论是思想和理论的重大转变

进入新时代，以习近平同志为核心的党中央，不断深化对生态文明建设规律的认识，大力推进生态文明理论创新、实践创新、制度创新，形成了习近平生态文明思想，系统回答了为什么建设生态文明、建设什么样的生态文明、怎样建设生态文明等重大理论和实践问题。这一重要思想坚持从中国生态文明建设的客观实际和丰富实践出发，既继承和创新了马克思主义自然观、生态观，又吸收和发展了中华优秀传统生态文化，是当代中国马克思主义、21 世纪马克思主义在生态文明建设领域的集中体现。实践证明，习近平生态文明思想是过去我们为什么能够成功、未来我们怎样才能够继续成功的“绿色密码”。可以说，由实践探索到科学理论指导的重大转变，是认识之变、理念之变、思想之变，是指导实现其他重大转变的根本性转变。

三、“五个重大关系”充分体现了马克思主义唯物辩证的思想方法，是做好生态文明建设报道的基本遵循

习近平总书记深刻阐述了新征程上推进生态文明建设需要处理好的“五个重大关系”，即高质量发展和高水平保护的关系、重点攻坚和协同治理的关系、自然恢复和人工修复的关系、外部约束和内生动力的关系、“双碳”承诺和自主行动的关系。这是我们党对生态文明建设规律性认识的进一步深化，对于以更高站位、更宽视野、更大

力度来谋划和推进新征程生态环境保护工作，具有十分重要的意义，必须深刻认识理解、认真贯彻落实。

“五个重大关系”是全面系统的。“五个重大关系”是一个整体，要全面认识、协同推进，发挥整体效应。高质量发展与高水平保护属于认识论层面，居于统领的地位，发挥着管总的作用；重点攻坚和协同治理、自然恢复和人工修复属于方法论层面，体现的是系统观念、系统思维；外部约束和内生动力、“双碳”承诺和自主行动属于实践层面，要求必须坚持用最严格制度、最严密法治保护生态环境，打好法治、市场、科技、政策“组合拳”，同时处理好“双碳”工作助力国内高质量发展和履行国际承诺的关系。

“五个重大关系”是辩证统一的。“五个重大关系”内在相辅相成、相得益彰，互为补充、互为支撑。高水平保护是高质量发展的必然要求，高质量发展是高水平保护的物质基础。生态文明建设既需要对突出生态环境问题重点攻坚，也需要强化目标协同、多污染物控制协同、部门协同等，推动环境质量全面改善。自然生态系统具有自我调节、自我净化、自我恢复的能力，同时自然恢复的局限和极限，对人工修复提出了更高要求。加强生态环境保护，离不开强有力的外部约束，也要激发起全社会共同呵护生态环境的内生动力。我们承诺的“双碳”目标是确定不移的，但达到这一目标的路径和方式、节奏和力度则应该而且必须由我们自己做主。

“五个重大关系”是具体实践的。深刻认识“五个重大关系”，需要在具体实践中感悟理论的真谛。要站在人与自然和谐共生的高度谋划发展，加快推动发展方式绿色低碳转型，以高品质生态环境支撑高质量发展。深入推进环境污染防治，坚持以人为本，坚持问题导向，推动生态环境质量根本改善。坚持山水林田湖草沙一体化保护和系统治理，因地因时制宜、分区分类施策，着力提升生态系统多样性、稳定性、持续性。保持常态化外部压力，激发起全社会共同呵护生态环境的内生动力，让制度成为刚性约束和不可触碰的高压线。处理好发展和减排、整体和局部、长远目标和短期目标、政府和市场等关系，积极稳妥推进碳达峰碳中和。

“五个重大关系”是发展完善的。“五个重大关系”是习近平生态文明思想的最新发展，也必将在新的生态文明实践中展现新的思想伟力。要紧密结合深入开展学习贯彻习近平新时代中国特色社会主义思想主题教育，自觉主动学懂弄通做实习近平生态文明思想，准确把握其核心要义、精神实质、丰富内涵、实践要求，切实用以武装头脑、指导实践、推动工作。始终坚持以科学的态度对待科学、以真理的精神追求真理，继续回答好新征程生态文明建设相关重大理论和实践问题，始终做习近平生态文明思想的坚定信仰者、积极传播者和忠实实践者。

人不负青山，青山定不负人。新征程上，我们要以习近平新时代中国特色社会主义思想为指导，深入贯彻习近平生态文明思想和全国生态环境保护大会精神，踔厉奋发、勇毅前行，以高质量报道推进美丽中国建设，奋力谱写新时代生态文明建设新篇章！